JN046350

未完の日本海軍
ジャパン・ネイビー

戦後の吉田路線と海上保安庁

亀田晃尚

三和書籍

はじめに

アメリカの海軍士官で戦略研究者でもあったマハン（Alfred Thayer Mahan）は、一八九〇年に『海上権力史論（The Influence of Sea Power upon History, 1660-1783）』を刊行した。マハンはこの中で、海上権益の問題を前面に置き、世界の歴史の流れや国家の繁栄に影響を及ぼしたものとしてシーパワー（Sea Power）を挙げた。マハンは、「広い意味におけるシーパワーとは、武力によって海洋ないしはその一部分を支配する海上の軍事力のみならず、平和的な通商や海運をも含んでいる」とした[1]。マハンは狭義のシーパワーとして海軍力を挙げ、広義のシーパワーとして海軍力に加えて通商や海運を挙げた。シーパワーの定義は必ずしも明らかではないが、マハンの言う広義のシーパワーに含まれる通商や海運は商船隊に関係する力であろう。商船隊の隻数や船員の質といった商船隊自体の能力に加えて、燃料等の補給・修繕能力や荷役能力、さらには商船隊が安全かつ効率的に運航するための海図や灯台といった航行援助能力も含まれるだろう。これらを全て含めた海上における国家の総合力をマハンは広義のシーパワーと呼んだと思われる。マハンは「船舶の保護は、戦時においては武装船によって行わなければならない」として大海軍の必要性を唱えた[2]。マハンは海軍を戦争の道具としてだけではなく、国家権益を拡大する通商や海運を保護するものとして捉えた。

マハンの大海軍建設や植民地獲得等に関する理論は、帝国主義的膨張政策をとっていた列強諸国に大きな影響を与えた。日本海軍も例外ではなく、マハンの理論を積極的に導入してその拡張を図った。日本海軍は、戦前から戦中にかけて日本周辺海域における海上保安を担ったが、終戦に伴い、連合国最高司令官総司令部(General Headquarters:GHQ)は、連合国最高司令官指令(SCAPIN-1)を発令し[3]、海軍は解体された。

海軍なき後の日本周辺海域では、密輸や密航のほか、日本船舶への海賊行為、日本漁船への銃撃や拿捕行為が多発した。こうした状況を踏まえ、占領下の昭和二三年五月、海上保安庁は「海上において、人命及び財産を保護し、並びに法律の違反を予防し、捜査し、及び鎮圧するため」に設置された。しかし、当時の占領下における複雑な国際関係を反映し、海上保安庁法(昭和二三年法律第二八号)第二五条では、「この法律のいかなる規定も海上保安庁又はその職員が軍隊として組織され、訓練され、又は軍隊の機能を営むことを認めるものとこれを解釈してはならない。」と明記され、海上保安庁の軍隊的機能が否定された。

マハンは、海軍の規模より重要なことは、予備員と予備艦艇により戦時に海軍力を急速に増強することができるような制度であるとも指摘した[4]。海上自衛隊では、昭和二九(一九五四)年の発足と同時に予備自衛官制度が導入され、その後、即応予備自衛官及び予備自衛官補の各制度が整備されたが、主要各国と比較するとその規模や処遇などにおいて著しい隔たりがある[5]。また、海上保安庁法第二五条の規定によって、有事の際にも海上保安庁の巡視船艇は、海上自衛隊の予備艦艇として活動することはできない。

海上保安大学校の教授であった飯田忠雄は、マハンが唱えたシー・パワーを海上支配力と呼び、海上への法的支配を必ずしも前提としない海上支配力を海上権力と言った。飯田は、海上権力を軍事的海上権力と行政的海上権力に区分し、海上保安庁は行政的海上支配力を担う行政的海上権力機関であるとして、軍事的海上権力機関の海軍と明確に区別した。飯田は〝軍警分離〟を唱えた。

一方、国際判例ではその境界は曖昧である。一九九八年のカナダとスペインとの間のエスタイ号事件（Fisheries Jurisdiction Case between Spain and Canada）では、カナダ海軍による公海上でのスペイン漁船エスタイ号の取締りに関し、スペインはカナダ海軍の発砲は国連憲章第二条第四項が禁止する武力行使に当たるとしたが、国際司法裁判所（International Court of Justice, ICJ）は、カナダ海軍の発砲は武力行使ではなく、執行管轄権行使に伴う武器使用に留まると判断した。国際司法裁判所は、海軍であっても執行管轄権の行使が可能であり、警察機能を有していることを判示した。また、二〇〇七年のガイアナ・スリナム事件では、仲裁裁判所は両国間の係争海域においてガイアナ政府との契約に基づき大陸棚の試掘を行おうとしていた民間船舶に対して、スリナム巡視船が行った警告が「単なる法執行活動というよりも軍事的行為（military action）による威嚇に類する性格を有する」として、国連憲章第二条第四項に反する武力による威嚇に当たると判示した[6]。国際法学の第一人者で東京大学教授の西村弓は、実力行使の文脈を判断する際に、行為主体が軍隊であるか警察等の法執行機関であるかは決定的ではないとする。諸外国の海軍は警察機能を担うことがままあり、一九九四年に発効した「海洋法に関する国際連合条約（United Nations Convention on the Law of the Sea）」においても、軍艦に対して、海賊の拿捕（一〇七条）、国籍不明船舶等への臨検（一一〇条）、犯罪容疑船舶の追跡（第一一一条）などの海上における警察権の行使を認めている。西村は、国際判例を踏まえ、法執行措置と武力行使の基本的な違いは、権限行使の文脈が国内法令違反に対する取締り活動か、対等な他国に対する国際法上の行為かに求められていることがみてとれるとする[7]。

本書では、戦前から戦中に海上保安を担った海軍の役割、戦後の米ソ対立の深刻化に伴うアメリカの対日姿勢の変化などに加え、これまでほとんど研究されていない終戦直後からの旧海軍軍人による海軍再建構想の一環としての海上保安庁の予備海軍的組織化とシーパワー統合構想を戦後の吉田路線に着目しながら考察してゆきたい。

目次

第七章　海上自衛隊と海上保安庁

第一章

戦前から戦中の海軍による海上保安

第一節　イギリス海軍を範とした日本海軍

イギリスは、多くの国の海軍を指導し、その近代化を図った[1]。イギリスのレアード・クローズ卿（Sir William Laird Clowes）は、イギリスは一九世紀の外交の中で「海軍の母」になったと言った[2]。日本もイギリスの指導を受けた。明治海軍の創設にあたっては、薩摩藩が中心的役割を果たした[3]。慶応元（一八六五）年、薩摩藩からイギリスに一九名の留学生が派遣され、後に海軍中将となる松村淳蔵[4]もいた[5]。明治三（一八七〇）年一〇月二日の太政官布告により、以後兵式を海軍はイギリス式、陸軍はフランス式となった。明治維新後の富国強兵を目指す明治政府にとって海軍力を増強することは喫緊の課題であった[6]。日本は、日本と同様に四面を海に囲まれたイギリスの当時世界最強とされた海軍を模範した[7]。明治三（一八七〇）年五月三日の兵部省の省議では、イギリス海軍士官を雇い入れることが決定された[8]。最初のイギリス海軍士官は、ジョージ・アルバート・ホース大尉（Lieut. George Albert, Hawes）で[9]、砲術を教授したほか、イギリス海軍にならって海兵の制度を設けるように意見を述べた。海軍当局はホース大尉の建策のほとんどを採用した。航海日記などの日誌類など、艦隊勤務に関する規則のほとんどはホース大尉の建言を受けてイギリス海軍の規則（THE QUEEN'S REGULATIONS AND THE ADMIRALTY INSTRUCTIONS）の中から抜き出して翻訳したものを手本とした[10]。

明治五（一八七二）年二月二八日、太政官布告第六二号により兵部省から独立する形で海軍省が発足した。明治六（一八七三）年のアーチボルド・ルシイアス・ドグラス（Archibald L. Douglas）中佐を団長とするイギリス海軍顧問団の来日を契機に兵学寮の教育はすべてイギリス式に一変した。イギリス式教育の影響を受けたクラスには後に海軍大臣となり日露戦争下の日本海軍を支えた山本権兵衛もいた[11]。日本海軍に近代的海軍の戦術や艦隊運動の概念を導入したのもイギリス海軍士官であった。中でもエル・ピー・ウィルラン（L. P. Willan）中佐は、戦術や艦隊運動に関するイギリス海軍の書籍を翻訳し教育指導に当たった[12]。明治二〇（一八八七）年には海軍大臣の西郷従道が招聘したジョン・イングルス（John Ingles）大佐が来日した。イングルス大佐は海軍大学校の必要性を具申し、それが創設されると、そこでイギリス海軍の戦術について講義を行った[13]。イギリス海軍当局はこの当時、日本海軍に対して訓練マニュアルや規則などを与えることを認めた[14]。

海軍省発足時、海軍が保有していた艦船は、僅か軍艦一四隻、運送船三隻の合計一七隻（一万三八三二トン）であり、老朽艦もあってまともに外洋で使えるのは日進くらいという貧弱さであった[15]。海軍省はイギリスへの二隻の軍艦発注を願い出たが、左院は必要な軍艦の隻数、建造に要する期間や必要経費などを含んだ海軍整備計画を提出するよう命じた。海軍省が作成した整備計画は平時と戦時の二つに分けられ、平時の軍艦整備の目的は、「日本の独立を確保し、交際（国際外交）を保全し、国内の不慮の事態に備えること。貿易を保護し、海外に国旗を示すこと」とされた[16]。海軍省は、戦時には「日本の港湾に敵が侵入するのを防ぐために、平時とは異なり、侵入軍が甲鉄艦で来襲するだろうから、必ず甲鉄艦を備えなければならない」として、平時の軍艦のほかに甲鉄艦を含む合計一〇四隻が必要であるとした[17]。出来て間もない明治政府がこの莫大な経費を負担できるはずはなく、海軍整備計画に左院は許可を与えなかった。しかし、明治八（一八七五）年には、扶桑、金剛、比叡の三隻がイギリスで建造されることになった[18]。この後も明治一六（一八八三）年には、筑紫、浪速、高千穂をイギリスから購入するなどした。当時の海軍は、有事にイギリスと清が連合することは必至とみていた[19]。実際、イギリスは清国にも軍艦を売却するとともに、イギリス海軍士官は清国艦隊の訓練にも当たっていた[20]。

陸軍参謀本部は、明治一二（一八七九）年から清国の兵力の研究を始めた。陸軍将校や支那語研究生を派遣して清国各地を踏査させ、明治一三（一八八〇）年には『隣邦兵備略』を完成させた。海軍大臣の西郷従道も清との戦争に備えた。参謀本部長であった山県有朋は『隣邦兵備略』の序文で清国をにらんだ軍備拡張の急務を述べた[21]。明治一九（一八八六）年、西郷従道は海軍拡張計画のために欧米を視察した。西郷は欧米視察から帰国後の明治二一（一八八八）年に第七回海軍拡張計画案を提出した。この計画は、イギリスと清国の合計軍艦数八九隻を仮想敵とした膨大な経費を要する計画であった。この計画は否決されたが国内造船所で初めての国産巡洋艦を建造する予算は認められた。このときの設計は横須賀造船所艦政局造船課があたり、艦政局長の佐雙左仲が責任者であった。佐雙は、イギリス海軍造船長官を務め、当時ヨーロッパでも有名な設計者のエドワード・ジェームス・リード（Sir Edward James Reed）の門下生であった[22]。イギリス海軍を範とした日本海軍は、ついに明治二七（一八九四）年九月、清国艦隊と黄海で対峙することになる。黄海海戦である。この海戦では日本と清国の双方の艦隊が大きな損害を出したが、日本の連合艦隊では四隻の大破や中破という損害だったのに対し、清国の北洋艦隊は四隻が沈没し、その他多数の艦船が大破・中破するなどした。これ以降、黄海における清国艦隊の戦力は大きく低下した。

日清戦争後、明治二八（一八九五）年七月、日本は本格的な海軍拡張計画に取り掛かった。それまでにも数多くの日本海軍艦船がイギリスで建造され、日本で建造された艦船についてもそれを設計した日本人の中にはイギリスのリードの門下生が数多くいた[23]。日露戦争開戦までに四七隻の艦船が建造されたが、このうち三一隻がイギリスで建造された[24]。

明治三五（一九〇二）年一月三〇日、ロンドンの林董公使とランズダウン外相との間で日英同盟協約が調印された。ロシアの極東進出政策への対抗を目的としていた。その後、明治三八（一九〇五）年五月二七日から二八日にかけて、東郷司令長官が率いる日本海軍の連合艦隊は、ロシアのバルチック艦隊と対馬沖で戦闘に突入し、バルチック艦隊の一九隻を撃沈、七隻を捕獲又は抑留し、同艦隊を壊滅させた。一方、日本側の損失は百トン未満の水雷艇三隻だけであった。日英同盟に基づいてイギリスは日本に協力した。バルチック艦隊はバルト海のロシア軍基地から出港し、途中の寄港地で水や燃料などの補給を受ける必要があったが、イギリスはロシアの同盟国のフランスに干渉し、ロシアはフランスの植民地の港で補給を受けることができなかった。イギリスはバルチック艦隊の動静も逐次日本に伝達した。イギリスの協力は日本の勝利に大きく貢献した。日本は、日露戦争まではロシアを仮想敵国としていたが、明治四〇（一九〇七）年の帝国国防方針において、ロシアの次にアメリカを仮想敵国と設定した。大正一二（一九二三）年には、ワシントン会議において、主としてアメリカの意向が影響して日英同盟は解消された。イギリス海軍に先導されることの多かった日本海軍は、イギリスが拒否するようになった技術導入に困惑し、代わりにドイツへの傾斜を強めていった[25]。それまでの日本は、イギリス海軍を範とし、ロシアのバルチック艦隊を撃破するまでの海軍力を保有するまでになった。イギリスは日本にとってまさに「海軍の母」であった。

イギリス海軍の特徴は、軍隊的機能だけではなく、領海警備や海上における治安活動といった警察機能もあわせて持っていることである[26]。ちなみにイタリアでは国家治安警察隊（Carabinieri）[27]が海上における警察業務を担っており、組織管理面では国防省の傘下にあるが警察任務については内務省の指揮を受ける。また、フランスでは海上憲兵隊（Gendarmerie maritime）がフランス海軍の海軍参謀総長の統制を受けて、軍隊として海上における治安維持活動などの海上における警察の任務を担う[28]。アメリカでは国土安全保障省の沿岸警備隊（Coast Guard）が海上法執行を担うが、米国連邦法上、陸軍・海軍・空軍・海兵隊に次ぐ第五軍と位置づけられている。

このように主要な海洋国家においては、艦艇の効率的運用等の観点から、海軍又は海軍に準ずる機関が古くから海上における警察業務を担っている。

第二節　海軍による戦前の海上保安

戦前において、日本の周辺海域の海上保安はどのように確保されたのであろうか。「海軍参謀部条例」（明治二二年三月七日勅令第三〇号）では、海軍大臣の下に置かれた海軍参謀部が海岸防禦を所掌することとされ、同五月に発布された「鎮守府条例」（明治二二年五月二八日勅令七二号）でも海軍鎮守府の所掌中に軍港要港の防禦と管海の警備が規定され、沿岸警備の任務が海軍にあることが法令上初めて明確にされた[29]。明治二八（一八九五）年には陸海軍の協同作戦の指揮とその任務を規定した「防務条例」が公布された。同条例では海上警戒が海軍の任務として規定された。このほか、「漁業法」（明治四三年法律第五八号）の第四一条では、海軍艦艇乗組将校に漁業監督及びそのための船舶等への臨検、検査権並びに犯罪捜査権を付与していた[30]。水上警察は存在したが、それは陸上の延長と考えられる港内又は一部の海面に限り、業務量の多い海域においてのみ行動するものであった[31]。海軍省は、在外人民の保護、密猟および密商の取締り、海難救助についても担当し、地方や艦艇がそれを実施する仕組みであった[32]。

海上保安庁の『十年史』によれば、「戦前には治安の維持については、水上警察、税関、水産局、海運局、検疫所（戦時中及び終戦後しばらくは税関及び検疫所は海運局に属していた。）等の諸機関が、それぞれの主管に属する法令の励行に当たってきたが、いずれも実力強制の力が弱かったので、取締り上の最後の実力行使の面は、すべて海軍に依存してその目的を達していた」「海難が発生した場合の救助については、市町村長又は警察官吏の行う水難救護と船長が義務として行う遭難船救助のほかは、僅かに公益法人帝国水難救済会の活動があるに過ぎなかった。そして水難救済会の有する救難所は全国僅かに二〇九か所、救命艇（最大一五メートル型）は九五隻という状況であり、しかもその財源は主として寄付に仰ぎ、かつ、その組織が府県支部の割拠になっていたため、その活動はきわめて不活発であった。したがって、海岸から少し隔たった海域で発生した海難船舶の救助は、海軍に依存せざるを得なかった」「戦前には海上の治安及び航行の安全について、その多くを海軍に依存していた」のであった[33]。海上保安大学校教授であった飯田忠雄も、「一九四八年以前においても、実質的には、海上警察の機能を営む機関がなかったのではない。海上交通の安全の確保および海難救助の業務は、灯台局（運輸省）、海運局（運輸省）、水路局（運輸省、戦前の海軍水路部）、都道府県、帝国水難救済会などの諸機関が所掌していたほか、海軍もまた必要に応じてこの業務について行動した。また海上の法秩序の維持については、税関（大蔵省）、水上警察、水産局（農林省）等が、各個別に、何の相互連絡も統一的施策もなく、ほそぼそと実施されていた。そして沿岸海域の警備、重大海難の救助、公海における海賊の取締および漁船の保護等の実力行使は、すべて海軍の組織的実行に依存していた」と指摘した[34]。このように戦前の海上における治安の維持や海難救助といった海上保安業務については、堪航性の高い大型の武装艦船を保有する、唯一の実力組織である海軍が大きな役割を果たしていたのであった。それでは、海軍による海上保安の維持は具体的にどのように行われたのだろうか。千島列島における事案を例にとって確認したい。

明治八（一八七五）年に日本は樺太千島交換条約により、ロシアに対して樺太全島を放棄する代わりに千島列島をロシアから譲り受けた。千島列島全域が日本の領土に帰属したことにより、明治九（一八七六）

年に日本帝国所轄タル北海道及其近傍諸島沿海諸猟規則（太政官布告）を公布して「北海道諸国諸島岸上ヨリ発スル弾丸ノ及達スル距離内」における外国船舶によるラッコ猟を禁止すると同時に[35]、艦船を派遣して外国猟船に対する取締りを強化して密猟の防止に努めた[36]。ラッコ猟は外海ではなく島の沿岸域で行われるため、おのずと領海侵犯となる。明治一三（一八八〇）年に就役した軍艦「磐城」は、千島列島周辺の水路測量に加え、日本領海内にいる他国の密猟船を威嚇して排除する役割も担った[37]。明治二〇年代に入ると、千島列島のラッコ資源は乱獲がたたって急激に減少し、千島列島周辺ではオットセイ猟が中心になっていた[38]。日本のほか、ロシア、アメリカ、イギリスの猟船はオットセイを求めて行き交った。千島列島付近には多くの武装した船舶が頻繁に出没して海獣を密猟し、食料であり現金収入の手段であった海獣が獲れなくなったアイヌの生活は困窮を深めた[39]。明治二四（一八九一）年一〇月、明治天皇は侍従の片岡利和に「北海道千島全境探検ノ特命」を下した。片岡侍従一行は千島列島の島の周辺を徘徊する帆船が軍艦「磐城」の姿を認めた途端に慌てて逃げていく帆船を目撃したという[40]。海軍による海上警戒は効果があった。明治二八（一八九五）年には臘虎膃肭獣猟法が公布された。臘虎膃肭獣とはラッコとオットセイのことである。同法では、日本海軍の軍艦艦長が警察官吏や税関官吏と同様に、猟船、猟具及び猟獲物の検査を行い、犯則者を認めた場合は船員を抑留して、猟船、船具、猟具、船籍証書及び猟獲物等を差し押さえることができるとされた。しかし、大砲を搭載する密猟船も跋扈する中、海獣密猟に有効な手を打てないまま時は過ぎ、明治三四（一九〇一）年、千島列島に派遣された軍艦「天龍」の報告書によれば、「ラッコは千島列島の近海では減少し、現段階では密猟船がその捕獲のために大挙してくるような状況ではなくなった」という事態にまで至ってしまう[41]。千島列島の海獣が乱獲によって急減する中、明治三八（一九〇五）年には、ラッコ・オットセイ猟業を営んでいた函館の小川漁業部の北征丸が北海道松前郡大島沖合でロシアの軍艦によって撃沈される事件も発生した[42]。ロシアの軍艦が海獣を求めて北海道の地先まで進出してきたのであった[43]。

明治四三（一九一〇）年には漁業法が改正され、海軍艦艇乗組将校には、警察官吏、港務官吏、税関官吏とともに、漁業監督吏員と同様に、間接國税犯則者處分法を準用する形で[44]、漁業監督が必要な場合に船舶等を臨検し、犯罪を認めた場合には差押えを行う捜査権限が与えられた。官吏の中でも、海軍、警察、漁業監督吏員が漁業取締りの任務を主に担っていたが、実際上、洋上での取締りは船舶が必須であったため海軍艦艇と農林省漁業取締船が主力となって洋上での取締りに当たっていた[45]。膃虎膃肭獣猟法は、明治四五（一九一二）年の膃虎膃肭獣猟獲禁止ニ關スル法律の制定で廃止となり、新たな膃虎膃肭獣猟獲禁止ニ關スル法律では、軍艦艦長の権限を海軍艦艇乗組将校まで拡大するとともに、「臨検」との用語を追加して該船を停船させ、立ち入って検査を行うことができることを明確にした。

ロシアとの間では期限付きの日露漁業協約があったが、大正六（一九一七）のロシア革命の勃発により交渉当事者となる正当な政権がいなくなった。やむを得ず日本政府は、極東で事実上政権を握っていた政府と交渉したが、極東各地にパルチザンが蜂起して、日本人の漁場も被害を受けるようになった[46]。大正一〇（一九二一）年三月には露領水産組合は、出漁の安全確保のため海軍艦艇の出動を要請する請願書の提出を決議し、外務・農商務両大臣宛に提出した。同決議書は、日本の漁業者の経営する漁場方面に前年よりも早めに、且つ一層頻繁に日本海軍の軍艦を巡航させて保護して欲しいことと軍艦の巡航の時期について請願する内容であった[47]。露領水産組合は、翌年の大正一一（一九二二）年四月一一日にも海軍大臣あてに軍艦派遣を請願した[48]。この請願等を受け、日本政府は大正一一（一九二二）年四月一五日に、「予算ノ許ス限度内ニ於テ帝国海軍艦船ヲ以テ可能的範囲ニ於テ之カ保護ヲ為ス」ことを閣議決定した[49]。この閣議決定を受けて、大正一一（一九二二）年四月二八日に海軍省は、露領沿岸出漁者保護取締方針を定めた[50]。同方針で

はロシア漁業監視船への対処が定められた。停泊中又は沿岸航行中のロシア漁業監視船に対して、
・邦人の漁業を妨害しないよう必要な警告を与えること
・邦人に損害を与えることが明らかな場合等は該船を臨検し厳に警告を与えること
・邦人の生命に危害を加え、又は損害を与えた場合は武装を解除すること

が定められた。外海航行中のロシア漁業監視船に対しては、特に必要な場合以外は措置を講じないが船名と行先は確認すること、邦人に危害や損害を与えたことが明らかな場合等は状況に応じて臨検、武装解除を行う方針も示された。ただし、兵力の行使については慎重な考慮を払うようにし、自ら進んで兵力を使用することは避けることも対処方針として定められた。さらに、同年五月四日には、「若シ露国漁業監視船ニシテ本警告ヲ無視シ本邦漁業船若ハ漁業者ニ対シ妨害ヲ加ヘ又ハ損害若ハ危害ヲ加エタルコトヲ認定シ得ル場合ニハ帝国艦船ハ適当ト認ムル措置ヲ講ズベシ」ということが海軍省と外務省との間で了解された[51]。同方針では日本海軍艦船による邦人漁業者の保護に加えて、違法行為を認めた場合の漁具の押収等の取締りに関することも規定された。日本政府はロシア沿岸に出漁する邦人を保護するため、海軍の艦船がロシア漁業監視船に対して、警告、臨検、武装解除などの処置を執ることとし、艦艇が派遣された[52]。海軍は邦人漁業者を保護するため、戦艦や巡洋艦等を派遣していたが、高コストで耐寒装備の不足もあり新たに海防艦を建造し日本漁船の保護に当たった[53]。一方、海軍は、農林省に対して北洋における漁業取締について、主務官庁として確実な対応を行うように申し入れもしていた[54]。

昭和一二（一九三七）年に、警察がソ連スパイ船を検挙した際、大湊要港部の指示により軍艦大泊及び航空機がその取締りに協力したことが、「軍艦が犯罪の検挙に、特に出動したと謂ふ様なことは前代未聞である」と記されている[55]。当時の海軍は、日本沿岸部での漁業取締りや密入国といった海上犯罪の取締りは

所管官庁に任せ、日本漁船や日本人漁業者を外国から保護するといった実質的に海軍でしか対応できないものに注力していたと言える。

第三節　海事行政と海上輸送への海軍の関与

海上保安の確保は、造船、船員教育、港務・水路・灯台・航路標識に関することなどの海事行政と密接不可分の関係にある。戦時中において、これらの事項を所管したのは逓信省海務院であった[56]。海務院は、昭和一六（一九四一）年一二月一八日に公布された海務院官制（勅令第一一四四号）に基づき、管船局と灯台局の業務を統合して、逓信大臣の管理下に設置された。その業務には、水運・造船・船舶の監督関係事項、航路・港湾・灯台、船員養成、商船学校関係事項などがあり、船員・造船・船舶に関する全面的国家管理を反映するものであった。海務院長官には海軍中将の原清が就任した。海務院には、長官官房に加え、総務部・運航部・船舶部・船員部・航路部の五部が置かれ、総務部は海事に関する総合計画および海事政策の総合調整等、運航部は船舶の管理等、船舶部は造船に関する監督等、船員部は船員の教育養成等、航路部は港務・水路・灯台・航路標識に関する事務等を管掌した。海務院長官は院務につき逓信大臣の指揮監督を受けることとされていたが、船員の教育および養成について海軍予備員候補者として必要な事項は海軍大臣の指揮監督を受けることとされた。人員構成については、長官の原清中将に加え、船員部長には海軍少将若林清作が就任し、その他の職員も逓信省と海軍の半々とされるなど、海軍の影響力は大きく強まった。

その後、逓信省海務院は昭和一八（一九四三）年一一月一日公布の官制により、逓信省と鉄道省が統合されて運輸通信省が設置されたのに伴い廃止となり、その業務は運輸通信省の海運総局と港湾局に引き継がれた。昭和二〇（一九四五）年五月一九日、運輸通信省は運輸省に改組され、海事行政を担う海運総局は、船舶・造船・船員・航路標識その他の水運に関する事項や航路標識附属の設備による気象観測に関する事項などを管掌した。逓信省海務院の流れをくむ運輸省海運総局は、海上保安の大部分を担当する組織であり、海軍の影響力が色濃く及んでいた。運輸省海運総局の長官官房総務長であった壺井玄剛は、「戦時中の海運業界はすべて海軍の指揮下に入っていた。海運総局も海軍と一緒になって船舶を運営し、輸送業務を行った。大げさに言えば一心同体であった」と当時の状況を回想している[57]。

また、太平洋戦争の開戦に伴って海軍は海上輸送にも深く関与していった。昭和一七（一九四二）年三月二五日には戦時海運管理令（勅令第二三五号）が公布された。同勅令では船舶の国家管理や船員の徴用・管理、これらを担う船舶運営会の設置等が規定された。同勅令によって商船はすべて一元的に国家が管理することになった[58]。しかし、昭和一七（一九四二）年六月のミッドウェー海戦でアメリカ軍に敗北し、制空権、制海権を奪われ戦線が後退に転じてからは、敵の潜水艦や航空機の攻撃による商船の喪失は予想をはるかに上回るものとなっていった。ここに至って初めて軍は、海上輸送の重大さを認識し、海軍は輸送船護衛強化策として昭和一八（一九四三）年一一月に海上護衛司令部を設け、海防艦の緊急建造に乗り出した。喪失商船の補充として陸海軍ともに小型の機帆船の徴用や大量建造を行い、漁船も輸送のために徴用したが、これらの船舶も商船同様その殆どが壊滅した[59]。

船員も海軍と密接な関係にあった。戦前と戦中には海軍の正規士官の不足を補充するための予備員制度が運用された。マハンは、海軍の規模より重要なことは予備員と予備艦艇により戦時に海軍力を急速に増強することができるような制度であるとした[60]。海軍はマハンの理論を実践した。明治一七（一八八四）年、西郷従道農商務卿の発案でイギリスの予備員制度を手本に予備員制度が制定された[61]。この制度は「船員を平時から海軍籍に入れておき、有事の際には直ちに軍役に服する義務を負わせる」もので[62]、海軍の正規将校とは別に民間航海者を戦時に予備将校として扱うものであった。商船学校の卒業生を海軍予備員として海軍籍に編入する規則が制定され、明治一九（一八八六）年には最初の海軍予備員の任官が行われた[63]。商船学校での教育は、当初から海軍の支援を受けており、生徒は海軍兵学校や砲術練習所、水雷術練習所、機術練習所等で教育を受けるなど商船学校は海軍と密接な関係を持っていた[64]。明治三七（一九〇四）年に海軍予備員条例が制定され、大正八（一九一九）年には同条例が改訂されて海軍予備員令が制定された[65]。その後、日中戦争を経て太平洋戦争の勃発で大量動員が実施されるようになると多くの船員が海軍予備員として招集された[66]。海軍徴用船として船員ごと戦地に動員された船舶も数多くあり、船員らは十分な護衛もない中で潜水艦が潜む危険な海域での任務を担わされ、膨大な船舶の喪失とともに全国で六万人余りの船員が命を落とした。戦争に参加した数と戦死者の比率を示す「損耗率」は、陸軍が二〇パーセント、海軍が一六パーセントに対して、船員は推計で四三パーセントにも上る。軍人よりも船員が戦争の犠牲となる割合が高かったのであった。戦争に伴う船員の甚大な被害は、終戦後、船員行政を所管する運輸官僚と旧海軍軍人の感情的な対立につながる要素をはらんでいた。

第二章

海軍に代わる海上保安機関の構想

第一節　終戦直後の水上監察隊の構想

昭和二〇（一九四五）年、終戦に伴って海軍は解体された。戦後の食糧難を受けて日本漁船は各地に出漁したが、朝鮮海域、東シナ海、北海道近海で同年末頃から、中国、朝鮮、ソ連による日本漁船の拿捕が相次ぎ[67]、中には国籍不明の船によって撃沈され、泳いでいる船員が銃撃されるという海賊行為まで発生した[68]。終戦直後、昭和二〇（一九四五）年九月二日のＧＨＱ指令第一号によってすべての日本船舶の航行が制限されたが、食糧問題で悩んでいた日本政府は漁船の操業を要請し、同九月一四日には木造船だけは沿岸一二海里以内での操業が認められ、同九月二七日には一定の範囲内での遠洋漁業の一部が許可された。これが、いわゆるマッカーサー・ラインと呼ばれるものである。その後、昭和二一（一九四六）年六月二二日付覚書「日本の漁業及び捕鯨許可区域」（SCAPIN-1033）により従来の漁区が約二倍に拡張された。ＧＨＱの命令により区域外に出漁することは厳しく禁じられており、乗組員はその趣旨を十分踏まえ徹底していたが、航法に未熟な乗組員や気象海象等の関係により、知らず知らずの間に区域外に逸脱し、これをたまたま第三国の官憲が発見して拘留拿捕されることが頻発し、漁場に向かって制限区域内の公海上を航行中に拿捕された事例もあった[69]。日本漁船の拿捕は領海の幅に関する主張が近隣国と異なり[70]、公海の範囲が画定していないことも要因であった[71]。貨物船や遠洋漁船等で働く船員により昭和二〇（一九四五）年一〇月に結成された海員組合は、運輸省に対して拿捕船の取締りと日本船舶・船員の保護を図るよう要求した[72]。

こうした戦後の混乱した状況を見越したように、運輸省海運総局船員局[73]の海務課員であった猪口猛夫は、終戦直後の昭和二〇（一九四五）年八月三一日付で海上保安機構の構想（「水上監察隊設置に関する件」）をまとめて上司に進言した[74]。白石萬隆海軍中将の後を継いで[75]、昭和二〇（一九四五）年一一月末に船員局長に就任し、後に初代海上保安庁長官となる大久保武雄は、将来の日本の海の守りについて若手官僚と議論した際に、船員局海務課員の猪口猛夫が原案者の一人である前述の海上保安構想を知ったという[76]。猪口の上司である海務課長は、海軍軍令部で護衛参謀をしていた海軍大佐の佐藤述であった[77]。大久保は猪口猛夫が原案者の一人だと述べている。猪口猛夫は、読売新聞社戦後史班の取材に対して、「当時、私は一海務課員、年齢も三十半ばで若かったが、海軍がなくなった後の海上保安をどうするかを考えると、いたたまれない気持ちで筆をとり上司に提出した。もちろん、帝国海軍再建の礎にしようなんて大それた考えはなかったが、当時の情勢からＧＨＱに出しても警戒されるだけで実現は難しかろうと、お蔵入りになった」と述べている[78]。

終戦直後の約二週間という極めて短期間のうちに、海軍が大部分を担っていた海上保安について、海軍解体後にどのような機構で対処するのかという壮大な構想を海上保安に関する知識や経験が乏しい若手運輸官僚が一人で練り上げることができたとはとても思えない。常識的に考えれば、終戦前から相当な期間をもって検討していたのではないだろうか。大久保も猪口猛夫を「原案者の一人だ」と述べている。終戦前に戦局が極度に悪化した状況とはいえ、戦争に負けることを前提に海軍が解体された後の構想を運輸官僚のみで立案するということは考え難い。猪口猛夫がいた運輸省海運総局は、逓信省海務院の流れを引き継いで海軍の影響力が強く、同局海務課員であった猪口猛夫の上司は海軍軍令部で護衛参謀をしていた海軍大佐の佐藤述で、佐藤の上司の船員局長は海軍中将の白石萬隆であった[79]。当時の戦局は日本にとって絶望的なものであった。したがって、船員局長であった白石（海軍兵学校四二期）が、敗戦後の海軍解体を見越して、部下の海務課長の佐藤（海軍兵学校四八期）とともに、戦後の海上保安機構の構想を練っていたとしてもおかしくはない。猪口が、「海軍がなくなったあとの海上保安をどうするかを考えると、いたたまれない気持ちで筆をとり上司に提出した」際に、上司である佐藤は、それまでの白石との検討結果を踏まえて、猪口が提出した案に必要な修正を加えたと考えられる。通常、官僚機構の中において起案文書の決裁はそうした形がとられる。猪口が読売新聞社戦後史班の取材に応じたのは、終戦から三〇年近く経過した一九七八年頃であり[80]、構想の立案経過については記憶が曖昧な部分もあったのか詳述されていない。海軍軍人の白石や佐藤が水上監察隊構想へ直接関与したことを裏付ける史料は見当たらないが、猪口が構想案を上司の佐藤に提出した際、「GHQに出しても警戒されるだけで実現は難しかろう」との判断が下されている。これは水上監察隊の構想が日本の徹底的な非軍事化を企図したGHQの占領政策に合致しないと佐藤が判断したことを示している。三十半ばの運輸省の一海務課員で知識や経験も乏しい猪口よりも、猪口の上司でアメリカ海軍との激戦を生き抜いた白石や海軍軍令部で護衛参謀を務めた佐藤の方が、当時の国際関係や国際政治情勢に通暁していたことは明らかであり、むしろ彼らの方が敗戦後の海軍解体をいち早く見据えて、その影響を冷徹に分析しつつ、水上監察隊の構想に主体的に関与していたのではないだろうか。

大久保は、海軍力壊滅後における税関監視、水上警察、水難救済等の諸能力の増強確保のため、沿岸監察隊と港湾監察隊から編成する一元的な水上監察隊を運輸大臣のもとに設置するとその構想を説明している[81]。水上監察隊の構想は、昭和二〇（一九四五）年八月三一日にはまとめられていた。水上監察隊は、税関や水上警察といった組織を運輸省に統合して、税関の監視艇や水上警察の警備艇等を効率的に運用できる一元的な組織の構築を目指した構想であった。また、当時未だ廃止されていなかった海軍軍令部第一部は、農林省に海上監視隊を新設する案を構想し、このほか税関中心案、警察の強化拡充案などがあった[82]。しかし、日本の海運、造船、水産等の活動を制限するポーレー報告書が出されて、GHQの厳格な管理方針が明らかとなり、これらの案はＧＨＱには提出されなかった[83]。連合国賠償委員会の米国代表であったポーレー（Edwin Pauley）は、昭和二〇（一九四五）年一二月七日に中間賠償計画（ポーレー中間報告）を発表し、翌年の昭和二一（一九四六）年一一月一六日に最終報告を出した。ポーレー報告書は日本の徹底的な非軍事化を基本原則としていた[84]。

第二節　朝鮮でのコレラ発生と不法入国対策

終戦後、多くの朝鮮人が日本への移住を希望して不法入国を企てた。終戦後、なぜ朝鮮からの不法入国が増加したのか。その理由について、『佐世保引揚援護局史（下巻）』では、「不正入国者の大半は、戦前に日本に居住し、当時は生活の安定を得ていた者であり、終戦後、独立国になった故国に帰ってみたものの経済状態も治安も予想外に悪いので、再び日本に安住の地を求めようとした。また終戦の直前、直後、混乱状態にある日本を脱して朝鮮に渡った婦女子が、親、兄弟、夫の許に戻ろうとして密航する者も少くない。（中略）また向学心に燃えた青年が日本の学校に入るため不法入国をあえてする場合もある。徴兵を嫌って朝鮮から逃げだす者もいる。親日派の官公吏が、反民族行為者として指弾されるので堪えられず、渡日を決意する場合もある」と述べられている[85]。不法入国の理由は様々であった。朝鮮からの不法入国の問題の一つは、コレラ保菌者の流入であった。昭和二一(一九四六)年五月頃から朝鮮半島南部、特に釜山でコレラが流行した。朝鮮では以前にもコレラが流行し多数の死者が出ており、大正八（一九一九）年の流行時には死者数は一万人以上にも及んだ[86]。ＧＨＱは、朝鮮半島からのコレラ保菌者の日本への流入を恐れ、日本政府に不法入国を阻止するよう求めた。ＧＨＱは、次節で述べる、米沿岸警備隊大佐のフランク・Ｅ・ミールス(Frank E.Mills)

に命じた日本の沿岸警備および港湾警備の調査報告を待つことができないほどの状況に追い込まれた[87]。

このため、ＧＨＱは昭和二一（一九四六）年六月一二日、SCAPIN-1015を出して日本政府に不法入国船舶の取り締まりを命じた。朝鮮半島からの不法入国は、コレラ保菌者の日本への流入、コレラ蔓延という問題に加え、密輸という問題も引き起こした。日本では戦争が終わったが、物資不足のため人々の暮らしは戦中よりも一層苦しいものとなった。食糧や生活必需品などは引き続き配給制が取られたが、遅配や欠配が続き、都市部では餓死者も出たほどであった[88]。こうした中、日本に不法入国した朝鮮人には食料が支給されなかったことから密輸などの不法行為が横行した[89]。密輸には小型の船舶が使用されたため、それを取り締まることは非常に困難で密輸船は意のままに出入りすることができた[90]。

昭和二一（一九四六）年六月二〇日、日本政府はＧＨＱに対して、日本への不法入国抑制に関する回答を行った。この回答の中で日本政府は、山陰と北九州の沿岸に海防艦型の船一四隻を配備するため、第二復員局が管理する船一四隻を不法入国対策用として運輸省海運総局に譲渡するよう要望した。また、運輸省海運総局に海運総局長官を長とする不法入国船舶監視本部を置き、九州海運局に九州海運局長を長とする不法入国船舶監視本部を置くこととした。加えて日本政府は不法入国対策に必要な武器の援助をＧＨＱに要請した。ＧＨＱに回答をした翌月の昭和二一（一九四六）年七月、不法入国船舶監視本部が運輸省船員局（大久保武雄局長）に設置され、不法入国者が多い九州海運局には不法入国船舶監視部が設置された。当時の運輸省海運総局不法入国船舶監視本部副部長であった山崎小五郎は国会で、「各省集まっていろいろ考えたが、やはりこれを取り締るためには別々の組織と機関を持ってやるのでは非常に不経済不合理であるので、総合的にやった方がよろしいということになった」と答弁した[91]。不法入国船舶監視本部は効率的な取締りという観点から運輸省に置かれた。

日本政府は北九州・山陰方面に不法入国船舶の警戒線を敷くことになったが、取締りに当たる船舶は僅か一五隻にとどまり、予算や通信機器は不足するとともに、GHQに要望した武器の援助はなく、武器・弾薬は持っていなかったため、ほとんど効果的な取締りを行うことができなかった[92]。武器を持った密航者が非武装の監視船に反撃することもしばしばあった。このような状態であったため、画一的な強力な機関を設置して海上警備を強化し、不安を除去するために必要な監視艇の設備が必要であった。一方、百トン以上の日本船舶は、昭和二〇（一九四五）年一〇月にGHQが設置した日本商船管理局（Naval Shipping Control Authority for Japanese Merchant Marine, 略称 SCAJAP）の管理下に入り、日の丸の掲揚が禁止され、代わりに SCAJAP 旗を掲げるとともに、船腹には識別の SCAJAP 番号を大きく標示しなければならず、日本政府の自由にならなかった。このため、日本政府はGHQに、昭和二一（一九四六）年六月二〇日付の回答文書でも明記した、不法入国船舶監視本部の船艇として、復員局の所有する旧海軍の海防艦等の譲渡を要請したが、当時復員業務がまだ完了しておらず、機雷掃海等の重要任務が遂行されていたことから、船の増強は困難で不法入国船の監視は曳船や港内艇でやむを得ず行っていた状態であった[93]。その後、ようやく昭和二二（一九四七）年四月二二日付の SCAPIN-1622 覚書により、密航、密貿易の取締り、航路標識の整備、海難救助、航路障害の除去、その他の海上保安業務に使用することを条件として、非武装の三八隻の元小型海軍艦艇の貸下げを認可された。これに伴って、ひとまず二八隻を受入れして配船したが、これらの船も無線の短波の使用は禁止されており、かつエンジン等の故障が生じているものも多々あり、修理をして、ようやく地方に配船するような状況であった。これらの船は百十二トン程度の船で、九から一一ノット程度の速度であった。四百馬力のディーゼルエンジンを積み、航行能力は千マイルくらいであった。二八隻の船は、北海道海運局の函館、東北海運局の塩釜、関東海運局の横浜、新潟海運管理部の新潟、東海海運局の名古屋、近畿海運局の大阪、舞鶴に各一隻、神戸海運管理部の神戸と高松海運管理部の高知に各二隻、中国海運局の境に二隻、九州海運局の仙崎一隻、門司三隻、博多二隻、長崎二隻、厳原三隻、鹿児島三隻、大分一隻に配船された[94]。

昭和二一（一九四六）年七月に不法入国船舶監視本部は発足したが、不法入国の取り締まりを除く海上保安業務は従来どおり、警察、税関、検疫所、海運局、灯台局、水路部、第二復員局等の各機関が、それぞれ独立して行っており、不経済・不合理であったが一元化を図るための関係各省との調整は難航した[95]。

第三節　ミールス大佐の水上保安制度への助言

昭和二〇（一九四五）年一一月末に大久保武雄は、白石萬隆海軍中将の後を継いで船員局長に就任した。大久保は、東京大学を卒業後に逓信省に入り、航空局国際課長、企画院第六部第一課長、内閣総合計画局参事官、中国（広島）運輸局長を経て、運輸省船員局長に就任した[96]。大久保は、船員局長としてGHQに赴き、「海軍解体後に日本漁船を守ることができるのはアメリカ海軍をおいて他にない」「GHQは、日本漁船保護に全責任を持って貰いたい」「もしGHQにそれができないなら、日本側に日本漁船を守る組織を作らせて貰いたい」と申し入れた[97]。このときの申し入れ内容については、昭和四五（一九七〇）年に大久保にインタビューしたジェームス・E・アワー氏も著書の中で言及しているが、大久保の提案の一つは「水上警察を強化することであった」という[98]。このとき大久保はGHQから米沿岸警備隊の大佐が来日するので話し合ってみるように言われた[99]。

昭和二一（一九四六）年二月[100]、米沿岸警備隊のフランク・E・ミールス大佐がGHQの要請を受けて来日した。戦前には治安の維持については、水上警察、税関、水産局、海運局、検疫所等の諸機関が、それぞれの主管に属する法令の励行に当たってきたが、いずれも実力強制の力が弱かったので、取締り上の最後の実力行使の面は、すべて海軍に依存してその目的を達していた[101]。終戦により海軍が解体された結果、日本周辺の海上保安は維持できない状況になった。しかし、GHQは日本の徹底的な非軍事化を基本原則として海軍の復活を警戒した。こうした状況から海軍ではない海上保安組織の構築を目指して、GHQは米国沿岸警備隊のミールス大佐を日本に呼んだのであった。米沿岸警備隊の司令官はミールス大佐に対して、現存する日本の沿岸警備および港湾警備を調査研究するため、GHQから指示を受けるよう命じた。GHQのG2（参謀第二部）公安課は次の内容をミールス大佐に命じた[102]。

「現存する沿岸警備及び港湾警備の実態を調査し、それにより警備機関設置に関する計画、組織（所要人員、装備を含む）及び勧告を左の要領により作成提出すべし

一 (a) 日本本土における海事機関

(b) 必要と認められる一般海事警察に関する勧告

二　右は、貴官の本件に関する計画および勧告の作成のために必要な調査活動の範囲を限定するものにあらず。」[103]

ミールス大佐は、調査研究に着手する前に、「本件調査の結果として計画される機関は、現在の日本の経済能力の範囲内において実現可能なものとし、その施設、装備は現在日本政府が保有し、又は自力にて入手できるものに限って利用すべきである」と指示されていた[104]。ミールス大佐が日本の沿岸警備及び港湾警備

の実態調査を行って出した結論は「海上治安の一元的な管理機関の設置」であった[105]。それまでの海上における治安の維持は、水上警察、税関、水産局、海運局、検疫所等の諸機関が、それぞれの主管に属する法令の励行に当たってきた。しかし、運輸省としては、これらの各機関がそれぞれの行政目的のために莫大な経費と資材とを要する設備を各個に持つことは極めて不経済、かつ不合理であり、海上保安業務の強化のためには、一個の機関をして必要とされる船艇その他の施設を一元的に管理運用させ、その責任のもとに、航海の安全と海上治安の維持に関する行政事務全般にわたる包括的総合的権限を行使させることが望ましく、かつ有効であると考え、昭和二一（一九四六）年春頃から、統一的な海上保安制度の検討を行ったが、関係各省との調整に手間取り、なかなか具体化しなかった[106]。このような動きの中で、昭和二一（一九四六）年二月、来日したミールス大佐は、海上の治安警備の現状を視察し運輸省に対して、極めて好意的かつ適切な助言と勧告を行ったが、海上保安の一元的な管理機関の設置の必要性を特に強調した[107]。関係省庁は新たに設置される海上保安機関を自らの省庁に組み入れようと躍起になった。当時、運輸省海運総局海務課員であった猪口猛夫によれば、当然運輸省でリーダーシップを握りたいが、相手は税関を所管する大蔵省や水上警察を所管する内務省であったので、これに対抗するにはＧＨＱを運輸省の側に付けなくてはならなかった[108]。

ミールス大佐の構想は、米沿岸警備隊を模した組織をつくることにあった[109]。米沿岸警備隊は、一七八九年に初代大蔵大臣のアレキサンダー・ハミルトンが税関監視隊として創設し、イギリスの密貿易船と戦った[110]。米沿岸警備隊のミールス大佐は、米沿岸警備隊の創立当初の組織である税関監視隊をつくる構想を持っていたであろう。当時は、戦時中の緊急措置で税関の関係は運輸省海運局に所属していた。

運輸官僚は、ミールス大佐が抱いていたであろう構想に危機感を抱いた。当時の海運総局総務課長であった木村俊夫によれば、船舶を持っている運輸省では、海のことは当然自分のところでやるべきだという基本的な考えがあったとし、ＧＨＱの命令で不法入国船舶監視本部が海運総局につくられたばかりの時で、「それをよそにもっていかれるんじゃたまらない」という状況であったという[111]。このため、運輸省の所掌事務と実情の説明と同時に、水上監察隊の案をミールス大佐に示して、組織一元化の受け皿は運輸省へと働き掛けたという[112]。

運輸省海運総局は昭和二一（一九四六）年五月一六日付で、水上保安制度の構想をまとめた。この「水上保安制度」構想は、

> 海軍省が廃止された現在、海運行政機構をもって水上保安の完璧を期することは不可能な状況にあるので、水上警察、密航防止、漁業監視、水上消防、水難救護、水上監視等いっさいの水上保安業務を併せ所掌する水上保安制度を確立する必要[113]
>
> 所要勢力として、五百トンないし千トン型七〇隻、百トンないし三百トン型百隻、十トン未満三四〇隻の保有

が挙げられ、構想が具体化していったことを示していた[114]。この構想の実現に向けて海運総局は総力体制を敷いて関係方面との連絡に当たったという[115]。戦時中は人事面で海軍に抑えつけられていた運輸官僚であったが、終戦に伴う海軍解体によってようやく人事権を取り戻し、旺盛な士気を持って海事行政に邁進していった様子が垣間見える。戦後に運輸官僚がまとめた水上保安制度は、水上監察隊の構想と同じく、海上保安に関する部局・権限を一元化するというものであった。運輸省の水上保安制度に対して、ミールス大佐はいくつかの助言を行った。のちに運輸省に設置された海上保安庁の『十年史』[116]には、昭和二一年七月三日付の

「ミールス大佐の助言」が収録されている。その内容は次のとおりである。

水上保安制度創設は次の段階によって進めるようにしたい。

一、水上保安組織についてはGHQから運輸省海運総局でこの組織を作るよう指令する。

二、水上警察から水上における機能をすべて運輸省海運総局に移すように指令する。

三、各県においてすでに公示されている港内取り締り規則を撤廃し、政府における統一的法律を適用するよう指令する。この場合国際法をよく検討すること。なお水上保安制度の根本は人命救助であるから、これに要する監視船は人命救助ならびに救難作業に適応した船舶でなければならない。

また、GHQ内の各部の責任者は、日本の軍備再建を非常に警戒しているから、かりそめにもこれを刺激するような設備や組織の案を作ることは避けるのが賢明である。

基地としては三六の開港を基準として重点的に考慮し、各港に常に出発し得るもの一隻を備えるべきである。

水上保安制度について、ミールス大佐から運輸省海運総局内に新たな組織を作るよう助言を得た運輸省は、閣議了解に向けて関係省庁と協議を続けた。政府内では、税関を中心とする案、警察を強化拡充する案、運輸省に新機関を設置して航海の安全と海上治安を兼ねて行わせる案等について種々検討が行われた[117]。ミールス大佐の助言によりGHQは日本の軍備再建を非常に警戒していることが分かったため、再軍備と取られるような機関は論外であった。新たな機関についての運輸省の原案は、水上警察、水上消防、漁業監督など広範囲にわたる業務を一手に取り仕切ろうとするものだけに、大蔵省（税関）、農林省、内務省などの関係省庁の強烈な抵抗に遭うことになった[118]。読売新聞戦後史班が取材した、当時の海運総局長官官房総務長であった壺井玄剛氏によれば、「最後まで抵抗したのが大蔵省。税関を戦時の業務統合の時に運輸省海運総局の下に入れられたのが根にあるから執拗だった。ことごとにタテつくばかりか、政治家を動かして運輸省に揺さぶりをかけてきた。この際、海運総局を根こそぎ揺さぶって海上保安庁案をつぶし、運輸省解体にまでもっていけというひどい計画が秘密裏に進められているとの情報さえ流れてきた」という[119]。結果的に、昭和二二（一九四七）年五月二二日の次官会議において、運輸省に海上保安機関を設置する案が了承され、翌二三日、「海上保安制度の確立について」が閣議決定された。海上保安庁の『十年史』では、「この決定に当たっては、不法入国船舶監視本部が運輸省海運総局に設置されていることや、ミールス大佐の助言が考慮されたことは当然であるが、実質的には次のような理由によって、海上保安業務は運輸省が所管することが最も適当と判断された」としている[120]。

i　運輸省海運総局及び地方海運局は日本の管海官庁であって従来も、灯台、水路、水難救助、船舶航行の取締り等海上保安の中枢的業務を所管しており、その他の海運局の常務すなわち運航の監督、船舶の検査、船員の監督及び訓練、海難審判、港長事務、港湾設備の管理等の業務も海上保安業務ときわめて密接な関係を有していること。

ii　他の官庁は陸上行政を主たる業務としているので、その機構は海上保安業務を遂行するのに不適当であり、その職員も海上業務に関する知識経験に乏しく、かつ、これを実行する実力を欠いていること。

第四節　水上警察の運輸省への移管問題

日本政府は、昭和二二（一九四七）年五月二三日に「海上保安制度の確立について」が閣議了解となった後、直ちにＧＨＱに対してその実施を許可するよう申請した。しかし、海上保安機構設立の問題は、国際的に極めて微妙な関係に立ち、ＧＨＱの取り扱いも慎重を極め、もともと日本政府の申請についても、関係官との間には相当の了解があったにもかかわらず容易に許可されなかった[121]。海上保安制度は、運輸省に海上における保安関係法規の執行機関を作り、灯台局、水路部、その他の運輸省の海上保安関係機関をこれに統合する、また、運輸省に設置する海上保安機関に海上における監視取締の権限を付与するという内容であった。運輸省の海上保安関係の部局を統一するとともに、密入国、密貿易、漁業監視等に関し、警察、税関、農林省等の監視取締りの権限も付与するもので、海上における広範な権限を行使できる一元的な組織を設置するという内容であった。ミールス大佐の助言との主な相違点は、内務省の水上警察の運輸省への移管に関することであった。

終戦後、内務省は、海軍の解体に伴う治安情勢の悪化に対応するために、警察力の増強と特高警察の拡充を行うつもりでいた[122]。政府は、昭和二〇（一九四五）年八月二四日、「警察力整備拡充要綱」を閣議決定し、帝国陸軍・海軍と憲兵の解体によって、治安維持の全責任を内務省・警察が担うことを次のとおり決めた[123]。

一、警察官の定員を概ね現在の二倍にする。

二、当面の治安維持に関して機動的活動を強化するため主要地域に警備隊を設置する。現在の警察の装備では鎮圧が困難なので、軽機関銃・自動短銃・小銃・トラック・無線機などの武器や器材を整備して、「武装警察隊」を設置する

三、海軍解体後の領海内警備のために、水上警察を強化（一万人）する。

内務省は、海軍解体後の領海内警備のために水上警察を強化しようとし、復員軍人を警察官に吸収する計画を立てた。昭和二〇（一九四五）年一〇月五日、政府はGHQにこの警察力拡充計画の許可を求めたが、GHQはこれを拒否した[124]。内務省の水上警察を強化する案はGHQの理解を得られなかったわけである。この翌月の昭和二〇（一九四五）年一一月末に大久保は船員局長に就任した。大久保はミールス大佐の来日前、GHQに対して海軍解体後に日本漁船をソ連等からの拿捕から保護することができるのはアメリカ海軍しかないとし、それができない場合は日本側に漁船を保護する組織を作らせて貰いたいと申し入れた。そして、一つの提案として「水上警察を強化すること」をGHQに示した。しかし、この時点で内務省の水上警察を強化するという案はGHQにすでに拒否されている。したがって、大久保がGHQに提案した「水上警察を強化すること」というのは、水上警察を内務省から運輸省に移して強化することを意味していたのではないだろうか。運輸省側がミールス大佐に働き掛けたかどうかはわからないが、ミールス大佐も水上警察を運輸省海運総局に移すという助言を運輸省に対して行った。しかし、内務省は昭和二二（一九四七）年末に廃止されるまで内政と民政にわたって強大な権限を有し、官庁の中の官庁とも呼ばれる最有力官庁で内務大臣は内閣総理大臣に次ぐ副総理の格式を持った官職とみなされていた。結果的に水上警察の内務省から運輸省への移管は実現しなかった。

昭和二二（一九四七）年五月に「海上保安制度の確立について」が閣議了解となり、運輸省の中にバラバラに存在していた海上保安機関の一元化を図ることになったが、運輸省以外の組織の一元化を図ることは関係省庁の強い抵抗に遭遇し実現しなかった。このため、次官会議決定の「海上保安制度の確立に伴う既存の水上警察、税関等の関係諸機関との調整」においては、海上保安機関は水上警察又は税関を統合又は排除するものではなく、両者は併存して相互協力の関係とし、海上保安機関の行うべき司法警察権の執行は水上警察力の及ばない海域に重点を置くこととされた。水上のうち河川湖沼を除く海上については、危険物に関する事務や航法などの航海保安に関するものなどの行政警察事務について水上警察から海上保安機関に移すこととされた。また、海上保安機関の職員は、税関長の指揮命令を受けて税関官吏の職権を行使できるようにし、漁業監視の職権も同じく行使できるようにした。海上保安機関の設置については、昭和二二（一九四七）年九月二三日付けのSCAPIN「海上保安及び不法入国密貿易取締業務機関設置に関する件」でようやく許可された。

第三章

海上保安庁の創設

第一節　ＧＨＱへの海上保安機関の設置申請

昭和二二（一九四七）年九月二三日付けの「海上保安及び不法入国密貿易取締業務機関設置に関する件」でようやく海上保安機関の設置が許可されてからも、その設置方法については、なお種々の議論があり、ＧＨＱの示唆により内閣審議室が中心になって検討を加えた[125]。そして、日本国憲法施行から約五ヶ月後となる昭和二二（一九四七）年一〇月初め、日本政府はミールス大佐から勧告された性格を持つ海上保安機関設置法案をＧＨＱに提出した。ＧＨＱの参謀部（General Staff Section）は、参謀長の指揮下にあり、参謀部長は米陸軍の部長はチャールズ・ウィロビー（Charles Andrew Willoughby）少将が務めた。参謀部は、Ｇ１（参謀第一部）、Ｇ２（参謀第二部）、Ｇ３（参謀第三部）、Ｇ４（参謀第四部）から構成されていた[126]。Ｇ１（参謀第一部）は、企画、人事、庶務などを担当しており、個人に関する記録や、通関手続き、入国許可申請の書類を処理していた。Ｇ２（参謀第二部）は、陸軍省諜報部（戦域諜報、技術諜報、民間諜報、一般軍事諜報）、翻訳通訳部（ATIS）からなり、民間検閲支隊（CCD,Civil Censorship Detachment）や対諜報部隊（CIC, Counter Inteligence Section）の活動を通して、膨大な量の情報を入手・分析し、占領行政の決定に大きな役割を果たした。Ｇ３（参謀第三部）は、作戦、引き揚げ、命令実施等を担当し、例えば占領軍命令に対する服従を強制する任務を持っていた。Ｇ４（参謀第四部）は、予算、補給、民間航空、日本向けの輸入・配給、武装解除などを担当した[127]。

ミールス大佐に日本の沿岸警備と港湾警備の実情調査を命じたのは、諜報活動を担当するＧ２であった。ミールス大佐の勧告内容を反映した海上保安機関設置法案は、Ｇ２の承認を得ることができた[128]。

しかし、コートニー・ホイットニー（Courtney Whitney）准将が局長を務めるGS（Government Section, 民政局）は、海上保安機関設置法案に反対した[129]。GSは、公職追放、占領初期の憲法改正、警察改革、地方行政の地方分権化などの民主化を担当した。その主要な任務は、政治行政のほか、経済、社会、文化の全般的非軍事化・民主化政策について最高司令官に助言することであった[130]。日本の民主化を進め、憲法改正も担当したGSにはリベラリストが多かった。

日本政府が海上保安機関設置法案をGHQに提出したのは、昭和二二（一九四七）年一〇月初めであるが、GHQでは前年の昭和二一（一九四六）年二月一二日には日本の非武装化をGSが中心になって決定していた。海上保安機構の創設については、軍事課報を担当し、保守派が多いG2は了承し、GSを除き、GHQ内の関係ある各部はその必要性について意見が一致していた[131]。しかし、日本の民主化と非武装化を進めた、リベラリストの多いGSは海上保安機構の創設に反対した。GSが海上保安機関設置法案に反対した理由は、次のような事項を承認していたからであった[132]。

a．海軍の中核部隊をおそらく形成すると思われる、ひとつの組織的な、よく訓練を受けた、制服着用の軍隊が、その規模についての制限もなく、設置されること（降伏後のアメリカ対日政策では適当な文官警察部隊は認められていたけれども、「非民主的、軍国主義的な活動は、どんなに表面をとりつくろった形をとっていても、その復活」が禁止されていた。）

b．速力あるいは武装についての制限なく、排水量一五〇〇トンまでの船艇の使用と、それらの船艇を領海外の公海上で活動させること

GSの反対を受けてミールス大佐が間に立って、その必要性を説いたが、GSは頑として受け付けなかった[133]。GSは新しい海上保安機関が海軍の復活につながるのではないかと懸念を示したのであった。これらの反対問題を解決するために昭和二二（一九四七）年末に討論が行われた[134]。さらにミールス大佐は日本政府に対して、「アメリカ、イギリス、フランスおよびソ連―なかでもソ連―は海上部隊についての詳細な規定条項の含まれていない海上部隊設置法案はどんなものでも、盲目的に承認しようとしていない」と伝えた[135]。これらのことを考慮に入れて、日本政府は海上保安機関に対する次のような制限を受け入れた[136]。

一、総人員が一万人を超えないこと。
二、船艇は一二五隻以下で合計トン数が五万トンを超えないこと。
三、船艇は一五〇〇排水トンを超えないこと。
四、船艇の速力は一五ノットを超えないこと。
五、武器は海上保安官用の小火器に限られること。
六、活動範囲は日本公海上に限られること。

第二節　軍隊的機能の否定条項の追加

海上保安庁法第二五条では、「この法律のいかなる規定も海上保安庁又はその職員が軍隊として組織され、又は軍隊の機能を営むことを認めるものとこれを解釈してはならない」と規定している。

海上保安庁法案が国会に提出された際、この条文についての政府の説明は、「新憲法の下にすでに戦争放棄を語っている関係上、必要でない規定であるという考えもあったが、これは誤解を避けるために念のために規定した」というものであった[137]。憲法の起草過程ではGHQとのやりとりの中で、第九条に戦争放棄とともに非武装化の規定が置かれた。海上保安庁が設置されても日本が武装しないことを入念的に諸外国に示すというものだというが、海上保安庁の軍隊的機能を否定し、憲法第九条が禁止するような組織ではないことを明示する規定はどのような経緯で挿入されたのであろうか。

このことに言及したものとして主に三つの著書がある。古いものから順に、ジェイムス・E・アワー（James E. Auer）氏の『よみがえる日本海軍（上）』、大久保武雄氏の『海鳴りの日々』、読売新聞戦後史班の『昭和戦後史「再軍備」の軌跡』である。大久保はアワーの著書を参照し、読売新聞戦後史班はアワーと大久保の著書を参照している。

一九七二年刊行のジェイムス・E・アワー（James E. Auer）氏の『よみがえる日本海軍（上）』では、次のように述べられている[138]。

> この新機構はアメリカ合衆国のコースト・ガードをモデルとし、旧海軍軍人を採用し、広い分野にわたる任務を与えられていたのにもかかわらず非軍事的でなければならなかった。（中略）この事情をはっきりと述べておくために、海上保安庁法の一条に「この法律のいかなる規定も海上保安庁又はその職員が軍隊として組織され、又は軍隊の機能を営むことを認めるものとこれを解釈してはならない」と明記されることになった。

海上保安庁法の中に非軍事的性格についての保証条項が設けられたが、それは総司令部内の一部や連合国対日理事会のある委員あるいは極東委員会を満足させなかった。一九四七年一〇月初め、日本政府は、ミールス大佐から勧告された性格を持つ海上保安機関設置法案を総司令部に提出して公安局の承認を得た。

対日理事会でソ連のキスレンコ代表などから異論が出たのは昭和二三（一九四八）年四月である。一方、法案がＧＨＱに提出されたのは昭和二二（一九四七）年一〇月である。したがって、当該記述は時系列に沿った史実ではないことがわかる。また、後述する大久保武雄と読売新聞戦後史班は、新聞のスクープ記事に言及しているが本書ではその言及がない。

次に、昭和五三（一九七八）年刊行の初代海上保安庁長官の大久保武雄氏の『海鳴りの日々』では、次のように述べられている[139]。

マッカーサーは、かかる国際的困難をのりきるため草案にあった三インチ砲は搭載しない事とし、「職員は軍隊として組織されてはならず、いかなる規定も軍隊の機能を営むことを認むるものと解釈してはならない」との条項を予め挿入した。（中略）昭和二二年十二月十八日、日経新聞に「海上保安庁巡視船に大砲搭載」の記事がスクープされたところ、ＧＨＱのＣＩＡは、海運総局の壺井玄剛、不法入国船舶監視本部次長の山崎小五郎君を警視庁に呼び取調べた。

初代海上保安庁長官の大久保は、退官後の昭和二八（一九五三）年の衆議院議員総選挙に無所属で出馬して初当選し、昭和三三（一九五八）年の総選挙からは自由民主党から出馬し、初当選から数えて計七回の当選を果たした。昭和四九（一九七四）年には田中角栄内閣で労働大臣も務めた。大久保は昭和五三（一九七八）年に『海鳴りの日々』を刊行した。元運輸官僚で昭和五二（一九七七）年まで政界に身を置いた大久保の同書では、海上保安庁の創設経緯を回想しているが、旧海軍軍人の活動への言及はほとんどなく、三〇年ほど前の記憶を辿っているため、時系列が逆転していたり、正確性を欠く記述も見受けられる。右の記述では軍隊機能を否定する条項を「予め」挿入したとあるが、いつの時点で挿入したのかについて明らかにされておらず、記述中の『日経新聞』の該当記事も見当たらなかった。

最後に、読売新聞戦後史班の『昭和戦後史「再軍備」の軌跡』であるが、読売新聞戦後史班は前述の二冊と異なり、当時の関係者を広く取材して、その生々しい肉声を拾っており、時系列にも不自然な点はなく、記述内容は最も詳細である。同書では、海上保安庁の軍隊的機能を否定した海上保安庁法第二五条の追加過程について次のように述べられている[140]。

GSからクレームがついた新海上保安機構設置案は、結局GSが出して来た条件を受け入れることで、やっと実施許可が出た。その条件とは（中略）六項目だった。この六項目を条文に盛り込んだ「海上保安庁法」の草案がほぼかたまったのは、二十二年も押しつまった十二月中旬。

ところが、ここでハプニングが起こる。「部外秘」のはずだったその草案全文が、一部の新聞に報道されてしまったのだ。カンカンになったのはGHQである。（中略）密航船の多くが銃などの武器を持つようになり、その対策として、不法入国船舶監視本部では七・六センチ（筆者注：三インチと同じ）砲の積載許可を申請、G2も内諾したので、それが草案には書き込まれてあったのだが、新聞報道以後はっきりと「不許可」の断が下ったのである。

さらにGHQは「海上保安庁又はその職員が軍隊として組織され、訓練され、又は軍隊の機能を営むことを認めるものとこれを解釈してはならない」と、海上保安庁法第二五条に明記することを要求してきた。GHQが、この憲法第九条にも見合うような条項を入れるよう要求してきたのは、草案が新聞にすっぱ抜かれてから、対日理事会と極東委員会で、ソ連をはじめ各国代表の態度がにわかに硬化しはじめたため、その予防線でもあった。

この記述では、民政局が出した条件を盛り込んで海上保安機構設置草案が昭和二二（一九四七）年一二月中旬に固まったが、その後、一部の新聞に草案全文がスクープされたことから、GHQは草案にあった大砲積載の該当部分の削除を要求するとともに、対日理事会等におけるソ連をはじめとした各国代表の態度硬化を踏まえて、軍隊機能を否定する条項を挿入するよう要求したとする。同書には海上保安機構の創設に対するGHQの雰囲気がわかる、次の興味深い記述がある[141]。

「部外秘」のはずだったその草案全文が、一部の新聞に報道されてしまった。カンカンになったのはGHQである。そして、海運総局の担当者らを片っぱしから呼んで厳しく取り調べた。

海運総局長官官房総務長だった壺井玄剛氏の話。

「警視庁に呼び出されて、丸一日調べられた。尋問したのは米軍の二世だった。私が警視庁に出頭したら、すでに木村俊夫君（当時海運総局総務課長、のち外相）も呼ばれていた。草案の『出どころ』が役所だと睨まれたらしい。結局は無罪放免になったのだが、尋問の様子では、われわれが共産党の回し者ではないかを特に調べたようだ。あの記事のおかげで、私たちが日参して頼んでいた不法入国監視船に大砲を積む計画が、おじゃんになってしまった。これは痛かった」

壺井氏は、海上保安機構設置草案に関連してGHQが日本共産党に強い警戒感を示したことを回想した。終戦後に公然活動を開始した日本共産党は、学生運動や労働運動を活発に展開し、終戦直後の国民生活の窮乏と社会不安を背景に党勢の拡大に努めた[142]。昭和二一（一九四六）年四月の第二二回総選挙では五議席を獲得し、初めて帝国議会に議席を得た。翌年の衆議院総選挙等では食糧の人民管理等の資本主義を否定する社会主義的な主張を展開した。戦後、共産主義を掲げたソ連は、特に東ヨーロッパ諸国に対して影響力を拡大しようとした。これに対して共産主義と対極にある資本主義国のアメリカは、昭和二二（一九四七）年六月にマーシャル・プランを発表し、経済支援を行うことでアメリカの影響力を強め、ソ連主導の共産化を食い止めようとした。同一〇月、スターリン体制下のソ連はマーシャル・プランによって世界は二分されたと非難し、ソ連共産党を中心にヨーロッパ八ヵ国の共産党が参加して、共産党情報局（Cominform）を結成して対抗した。これによりヨーロッパでは米ソの対立が激化し、東西冷戦が深刻化した。

戦後、ソ連はアメリカを主体とする連合国の占領下にあった日本で海軍が復活することを警戒した。海上保安機構の創設は日本海軍再建のきっかけになるかもしれなかったからである。こうした状況から、アメリカは、ソ連と通じる日本共産党が海上保安機構に関する大砲積載を含む草案をリークし、憲法第九条が施行されて間もない日本国内の反戦感情を高揚させることで、海上保安機構の創設を妨害しようとしていると判断したのだろう。最終的に壺井氏の嫌疑は晴れたが、壺井氏の証言は海上保安庁の軍隊的機能を否定した海上保安庁法第二五条の追加は、米ソの対立、東西冷戦の深刻化という当時の国際政治情勢を如実に反映したことを示している。

第三節　海上保安庁法案の国会審議

昭和二三（一九四八）年二月一二日、日本政府代表者（終戦連絡中央事務局次長）がＧＨＱに呼ばれ、海上保安庁法案を示されてその実施を要求されたことから、同二月一七日から数回にわたり、内閣審議室及び終戦連絡中央事務局は、関係省とその取扱いについて協議した結果、速やかに同法案の国会通過を図ることとなった[143]。一方、関係各省との業務調整も円滑に行われ、昭和二三（一九四八）年三月一八日には次官会議において関係省庁間の協力要領が決定された[144]。そして同三月二五日の次官会議では海上保安庁を急速に設置する必要性にかんがみ、内閣総理大臣の監督のもとに海上保安庁準備委員会を置くことが決定された[145]。しかし、運輸省の自主的な調整だけではどうしてもまとまらず、ついに総理府の肝いりで、運輸省海運総局長官、大蔵省主計局長など各省庁の主管局長が集められて、海上保安庁準備委員会ができたのは、開庁の僅か五週間前のことだった[146]。

このような動きを経て、昭和二三（一九四八）年三月三〇日、ようやく衆議院に海上保安庁法案が提出された。法案の提案理由としては、「今日のわが国の海上における航海の安全と治安の維持は、終戦後の諸般の事情から甚だしい不安と危険にさらされているのであり、これに対処し得る制度組織が存在していないので、散在する船舶、通信設備その他厖大な物的施設を一元化し、一元的責任のもとに包括的総合的な権限を行使するために一個の行政官庁を設置する必要がある。もっとも今日まで関係方面の了解のもとに臨時的な措置としてやっているが、今回最も進歩している他国の例も参考として画期的な制度を作ろうとするものである」というものであった。

海上保安庁法案は、全文四章四三条より成り、第一章には組織、第二章には海上保安委員会、第三章には共助に関する事項を規定し、第四章は補則となっており、これに附則が添えられていた。法律の施行期日は政令で定めることになっていたが、その期日は昭和二三（一九四八）年五月一日以降であってはならないとされた。これは海上保安庁法案と関係する、港内の船舶交通の安全と整頓を図るための「開港港則」（明治三一年勅令第一三九号）の効力が同五月二日までであったことによる[147]。

組織としては中央機構と地方機構とに分かち、中央機構は、長官官房、保安局、水路局及び灯台局からなるとした。地方機構としては、全国を九管区に分かち、北から、小樽、塩釜、横浜、新潟、名古屋、舞鶴、神戸、広島及び門司に、それぞれ北海道、東北、関東、新潟、東海、舞鶴、近畿、中国及び九州各海上保安本部を置くものであった。海上保安庁の職員の総数は一万人以内に限定され、その所有船舶は港内艇を除いて百二十五隻、総トン数五万トン、各船千五百トン以下、速力は十五ノット以下ということになっていた。

海上保安庁には海上保安局を置き、船舶の安全に関する法令の海上における励行並びに船舶職員の資格及び定員に関する事項、船舶交通の障害除去に関する事項、海難の際の人命、積荷及び船舶の救助並びに天災事変その他救済を要する場合における必要な援助に関する事項、海難の調査に関する事項、海上保安庁以外の者で海上において人命、積荷及び船舶の救助を行うもの並びに船舶交通に対する障害を除去するものの監督に関する事項、旅客又は貨物の海上運送に従事する者に対する海上における保安のため必要な監督に関する事項、水先人及び水先業務の監督に関する事項、沿岸水域における巡視警戒に関する事項、海上における密貿易、不法入国その他の犯罪の予防及び鎮圧に関する事項、海上における犯人の捜査及び逮捕に関する事項、海上における暴動及び騒乱の予防及び鎮圧に関する事項に関する職務、水路の測量、海象の観測、灯台その他の航路標識の保守及び運用並びに気象の観測の業務を行うことができるものとし、また協力要求、書類閲読、立入検査、尋問の権限を初め、そのほか船舶の進行停止、出発差止、航路変更、指定港への回航、下船命令、下船制限又は禁止、積荷の陸揚制限禁止等の権限を持ち、その職務を行うためには武器の携帯を許されるとした。また海上保安庁の職員の中に、港長、海難審判理事官を置き、海上保安官と同様、運輸大臣の任命するところとし、いずれも海上保安庁長官の指揮監督を受け、港長は港則法に規定する事務、海難審判理事官は海難審判所に対する審判の請求及び海難審判所の裁決の執行に関する事項を掌ることになっていた。

第二章は海上保安委員会に関する事項を規定し、海上保安委員会は海上保安制度の運用及び改善に関する事項を審議するために海上保安庁に設置されるものであり、これは中央海上保安委員会及び地方海上保安委員会にわかれ、ともに海上保安庁長官の諮問に応ずるほか、海上保安制度の運用及び改善に関し海上保安庁長官に建議することができるものとした。

第三章は共助に関する規定であり、海上保安庁及び警察行政庁、税関その他の関係行政庁は、常に連絡を保つべく、また犯罪の予防鎮圧又は犯人の捜査及び逮捕のため必要があると認めるときは、相互に協議し、かつ関係職員の派遣その他必要な協力を求めることができる旨を規定した。

第四章は補則で、前章までに掲げた事項のほか必要な規定を設けたものであるが、海上保安庁の職員の種類及び所管事項、海上保安委員会の組織、委員の資格及び任期その他海上保安庁の職員及び海上保安委員会に関し必要な事項は、政令でこれを定めることとした。

補則の次には附則が掲げられ、主としてこの法律の施行及び経過的な事項を規定した。

同法案の国会審議は、先ずどの委員会に付託して審議するのかで紛糾した。参議院では先例から決算委員会に付託されるところであったが、治安及び地方制度委員会の委員長から、治安及び地方制度委員会で審議したいとの申し出が決算委員長に行われた。これは海上保安庁が海上における治安維持に関する官庁として設置されようとしていたからであろう。これに対して運輸委員長は、決算委員会への付託が決定すれば止むを得ないが、治安及び地方制度委員会に付託されることには絶対に反対であり、運輸委員会に付託して貰いたいと要求した。これは海上保安庁が海上交通を所管する官庁でもあったからであろう。どの委員会に付託するかという問題は衆議院でも同様であった。最終的に衆議院では治安委員会に、参議院では決算委員会に付託して審議されることになった[148]。

国会での質疑のうち主なものとしては[149]、一点目は、水上警察の仕事と海上保安庁の仕事の分界であったが、水上警察の権限の及ぶ範囲は、陸上に接続しかつ陸上の勢力範囲と認められる点までであって、そこから先は海上保安庁の権限区域であるとの説明がなされた。二点目は、警察長は公安委員によって任命されるのに、海上保安官は運輸大臣によって任命されるのは民主主義に反するのではないかということであったが、海上保安官の任命に関しては、警察長と異なり、単に治安の維持のみならず航海の安全という面もあり、かつこの制度は全国的に統制されているものであるから、警察長のように公安委員の任命によらず、運輸大臣の任命にしたと説明された。三点目は、従来は一個の経験ある長官が権限を持っていたのに、本法案によれば、個々の海上保安官が絶大な権限を与えられているのは危険であるというものであったが、海上保安官は実際問題としては個々単独に権限を行使することはまれであって、多くの場合においては老練な船長のもとに、一つの船に乗って集団的に職務を行うものであるから、個々別々に職権を濫用することはないと説明された。四点目として、機構を一元化するなら防疫事務も包括してはどうかというものであったが、防疫事務の一元化に関しては、コレラ船の曳航等はやっているが、医師を一々すべての船に配属させることは困難であるから一元化から除いたと説明された。五点目として、この法案は五月一日から施行するというが、それまでに人的、物的の準備が間に合うか等であったが、人的方面は現在の不法入国船舶監視本部の職員を振り向け、物的には現在もっている船舶二八隻を中軸にやっていくから十分間に合うと説明された。

海上保安庁の巡視船の武装についても質疑が交わされた。

民主自由党の千賀康治は、同四月二日の衆議院治安及び地方制度委員会において、海軍の再来ではないことを再確認させる条項があるが、武器を持った密貿易に対しては、多少の小口径速射砲を備えてこれを防止する必要があるのではないかとして政府の見解を質した。答弁に立った山崎小五郎運輸省海運総局不法入国船舶監視本部副部長は、「十九条にあるように、海上保安官はその職務を行うため武器を携帯することができることになっており、一般警察官と同じ武装だけはできる。船の武装問題であるが、実際の仕事をやる立場から、是非そういった程度の威嚇砲的なものは持たないと、仕事が十分にできないのではないかと思うが、今日の日本の国際情勢からそこまで積むことができないが、まずスタートにおいて、できるだけ優秀な成績をあげて、その成績によって国際的な信用を得ることになれば、そういうことも許してもらえるようになるのではないかと思うが、これはまったく希望だけで、今のところは許されていないのである」と答弁したが、なおも千賀委員は小銃を持って乗り込んでいる海賊船には指をくわえて見ているのみだということになのかと質した。これに対して山崎副部長は、「この状態で決して満足しているのではなく、できるだけ万全の策を講じて、海賊とか危険があったときにも、勇敢に仕事ができるようにしなくてはならないと考えており、機会あるごとに今後も、できるだけその実現ができるように努力したい」と答弁し、巡視船の武装が認められていない中、取締りは厳しい状況であることを吐露した[150]。

軍隊的機能を否定する海上保安庁法第二五条についても質疑が交わされた。

無所属の千田正は、同四月六日の参議院決算委員会において、すでに日本憲法では軍隊や武器を認めていないが、まだ終戦前の状況に憧れ、軍隊や武器に対する希望を持つような感を抱かせるかのような意味のこの条文は、国際事情の輻輳している今日において穏当ではない、としてその削除を求めた。この発言に対して、下條康麿委員長が第二五条の削除に賛成する者を確認したところ、少数であったため同意見は採用されなかった[151]。

民主党の坂東幸太郎は[152]、同四月六日の衆議院本会議において、治安及び地方制度委員会における海上保安庁法案に関する審議経過の概要を説明する中で、「海上保安庁又はその職員は、強大な権限を与えられているので、この法律のいかなる規定も、これらの者が軍隊として組織され、訓練され、又は軍隊の機能を営むことを認めるものと解釈してはならない旨の一条が挿入されている」と述べた。

決算委員長の下條康麿は、同四月一四日の参議院本会議において、「第二五条について、海上保安庁又はその職員の軍隊化をするものではないというような規定があることについては、これは新憲法の下にすでに戦争放棄を語っている関係上、必要でない規定であるという考えもあったが、これは誤解を避けるために念のために規定したものであるとの答えであった」と委員会における審議状況を説明する中で述べた[153]。

坂東は、同五月一八日の衆議院治安及び地方制度委員会でも質問に立ち、極東委員会で日本に海軍が復活するという非難があったそうであるが、それについて何らかの話があったのか、また海上保安庁はどういう感じを受けているか、と大久保武雄海上保安庁長官に質した。これに対して大久保海上保安庁長官は、「海上保安庁法にも規定しているように、海上保安庁は絶対に海軍の復活ではないし、また軍隊としてこれを再組織する意味合いでは絶対ない」と答弁した[154]。

海上保安庁法第二五条は、第五節で述べるとおり、ソ連等の反対を予想したアメリカが事前に日本側に要求して追加させた条項であるが、国会審議では一切伏せられた。

このように、海上保安庁法案については、その武装や非軍隊化に関する質疑は散発的にあったが、特に紛糾することもなく国会を通過した。

第四節　不法入国等の取締りと武装問題

昭和二三（一九四八）年一一月二七日の衆議院地方行政委員会において、日本共産党の木村榮は、「今は装備が不完全であり、武装を強化して優秀な船を揃えるという点を強調したが、第四条の範囲内でやるのか、又はそれは無視して強力なものをこしらえる方針にあるのか」と質した。これに対し、大久保武雄海上保安庁長官は、「海上保安庁は非常に国際的な関心のもとに成立し、運営されつつある。そこで武装の点については、海上保安庁法でも『武器を携帯することができる。』ということになっており、すでに必要な武装については、法もこれを謳っているのである。また関係方面においても、その点はすでに認識をし、極東委員会、対日理事会においても、武器の携帯問題はすでに当時問題に上って、その程度は了承されている次第である。このため、問題はそれをいつ実現するかという点にかかっている。これはなるべく早く実現して、職務の遂行に万全を期してやりたいと考えている」と答弁した（GHQは大久保に、「海上保安庁法第四条に海上保安庁の船舶は任務達成のために「必要ナ構造、設備及ビ性能を有スル船舶デナケレバナラナイ」という条項を置くので、将来情勢が変わればこの条項を生かすことも考えられる。しかし当分大砲は持たせない」と話していた[155]。）。

続いて質問に立った民主自由党の千賀康治は、「第二回国会の終りごろに、第三国人の海上の犯罪を取締る上で、現在の装備では非常に危険で従事する人たちの勇気も出ない。将来相当な装備を相手が持って来ることも想像されるので、これでは困るのではないかという質問をした」「ちょうどその国会が終る前後に、日本は管理国から海上保安維持のために三インチ以下の大砲を積むことを許されたということが新聞に出た」「将来を考えると、どうしても相当な装備を持っていなければ、海上で戦闘が起った場合、保安を得ることができないと思う」「装備の優秀なものを持っていることが戦いを省略し、また完全な取締りができるゆえんであることは、むしろ管理国の方がよく知っているはずである」として政府の見解を質した。大久保海上保安庁長官は、「一般的に言えば、大砲は単に攻撃武器としてではなく、相手の船に停船を命ずるという場合において、まず相手の船の前方に大砲を撃ち込み、さらに後方に撃ち込むというようなことになり、これを停船させる意味においても、大砲というものは任務上一つの必要な装備であると考えている」「ただこの点は法律にも規定はなく、また、この点は非常に諸般の情勢を考え合わさなければならない、将来日本が本当に海上保安業務の万全の遂行態勢をやることについて、関係各国の承認を求めるという場合に解決される問題と考えているが、目下のところ法律では武器を携帯することができると書いてあるので、私どもの方の装備は武器の携帯、という点についてこれを解決したいと考えている」と答弁し、大砲積載が日本を取り巻く国際情勢の中で当面困難であるため、せめて海上保安官に拳銃等の武器を携帯させたいと苦しい状況を明かした。

不法入国や密貿易の取締状況は、昭和二四（一九四九）年九月一三日の参議院地方行政委員会において、委員長で緑風会[156]の岡本愛祐が質した。岡本は、甚だしく増えている密入国や密貿易の取締状況に加えて、新聞報道された支那海での日本漁船の拿捕状況および海上保安力の増強計画についても質問した。これに対し、大久保海上保安庁長官は、「昨年海上保安庁は先ず九州の関門海峡において一斉に臨検、検挙を始め、当時は非常に九州方面で検挙されたものが多かったが、その後海上保安庁の船舶の配置状況や行動状況等が逐次先方にも分ってきて、密航船がその特有の海上の機動力を発揮して、密航船の内地上陸分野が非常に広範になってきた。（中略）これらの密航関係は殆んど九〇パーセントは朝鮮関係である。極く僅かに台湾関係が含まれている」「朝鮮の治安問題、徴兵忌避あるいは将来の治安に関する見通しにより、日本に密航してくるのが非常に増加している情報を受けている。これに基づき非常警戒をしていると、僅か二週間程度で二、三百人の検挙があるといったような状況になっている。この外に相当の集団密航があるようであるが、遺憾ながら海上保安庁の船舶がまだ十分整備していない点と、保安庁船舶の装備が完全でないために、これを海上において逃走させている事例が相当多くなっている」「最近の特別の傾向としては、密航密輸の犯人が、むしろ積極的に海上保安庁の船隊に対して抵抗するという傾向が多くなっている。即ち大砲装備が密輸船等についてである。かねて手配中の船であったが、海上保安庁の警戒網を突破して、神戸の西灘に砂糖の揚陸をしていた。この船舶は主砲として捕鯨砲の四〇ミリ一門、予備砲として三六ミリ一門、即ち合計二門の大砲を装備していた。且つ装填用の実弾二発を所有していることが判明した。新潟県及び山形県の境に、百トン型の機帆船に乗った二百名ないし三百名の朝鮮人が接岸上陸を企図したが、海上に逃げ去ったという情報も出ている。海上保安庁が昨年の五月に創立して本年四月末日までの一年間の検挙件数は、密航については一〇四件、人員二〇六四名である。密輸は九〇件人員四八五名、合計して、一九四件、二五四九名となっている」「日本船舶の拿捕は昭和二一年以来頻々として起っており、二一年に合計七隻、二二年に一一隻、すでに数隻を出している。八月末日までの総合計は一〇二隻に及んでいる。この船舶のうち未帰還船舶総数は四四隻である。未帰還船員の数は二七〇名に及んでいる。死亡者は九名である。未帰還船員は更に調査未了のものがあるので、これより遥かに多きに及ぶものと想像される。そこでこれらの捕獲された船舶は、ソ連関係が三五隻、中国関係が二八隻、朝鮮関係が二二隻の外、更にその後追加されたものが、ソ連関係四隻、中国関係四隻、朝鮮関係九隻というふうになっている」「東シナ海の状況については、本年に入ってから急激に増加をして、しかも六月、七月、八月において最もその拿捕状況が頻繁になってきた。最もそのうち重大な被害を受けたのは第一〇五号明石丸の撃沈である。本船はマッカーサー・ライン内において漁労に従事していたところ、軍艦旗を掲揚しない軍艦と覚しき、しかも艦名を抹消している一艦が近付いてきて、いきなり射撃をして本船を拿捕した。そうして随行を命じたが、随行途中においてこの軍艦が漁船を撃沈した。筏で逃れようとした船員に対して機関銃の一斉射撃を加えるといったような残酷な攻撃を加えた次第である。極く僅かの四名の船員が救助された。この船員が帰国してこの被害状況が判明したのである。中国から拿捕を免かれて帰った船員や一旦拿捕されて途中で命懸けで脱走して帰還した船員並びに漁業会社からの陳情による報告等を総合して判断すると、これら拿捕された船舶は最近若干の軽武装をして支那の軍事任務に服されているものもある、あるいは支那の将兵の軍需品輸送に従事しているものもある、あるいは支那軍のために漁労に従事しているものもある」「朝鮮関係においては、主として済州島附近において拿捕されたものが多く、これらの拿捕船はその原因としては、マッカーサー・ラインを越えたか越えないかという点にかかっているわけである。この点については一応日本側としては、マッカーサー・ラインを正式に遵守する責任があるので、船舶に対しては航海日誌を完全につけること、あるいは十分に天測をすることというような点について、十分注意を喚起しているような次第である。ただマッカーサー・ラインを越えたが故に、これが直ちに撃沈されるか、あるいは拿捕されるかというような点については、いろいろ国際上の判断があろうかと思うが、日本側としては一日も早くこれらの船舶並びに船員の返還保護について万全を期したいと考えている」「海上保安庁は昨年の五月一日、木で作った木船、旧海軍駆潜艇二八隻をもって出発した。この二八隻の船は戦争時代に海軍が大体港内及び港外、即ち港の附近の潜水艦を哨戒する意味において作った極く間に合わせの船であり、約二時間ぐらい保てばいいというので作った木造船である。それを終戦後において二八隻引継いだ。すでに終戦四年に達して今日まで使っていることから、この船が如何に不完全であり、使用に困難を極めているかということは想像願えるだろうと思う。この非常に老朽した船をもって、煙幕を張ってまで逃走する密航船や密漁船、あるいは海賊船に体当りをしているというような切羽詰まった状況である」「海上保安隊の装備強化は絶対に必要な点であり、海上においては、船舶が出会ったときには、全く一対一の裸相撲と同じであり、こちらの速力が遅ければ絶対に相手に追付けないし、装備が弱ければ、これは殆んど問題にならないといった状況である。急に援助の依頼もできない海上においては、どうしても船舶自体の性能装備というものを良くしないと、警戒任務は完遂できない」「海上保安庁法により、海上保安庁は武器を携帯することはできることになっている。海上において船舶の速力が違った際に、これは何らかの武器を持たなければ、相手の船を強制停船させることができない。それにも拘らず、海上保安庁は一丁の拳銃すらも持たないといった状態であり、相手の船を止めるために、体当りをする、あるいは船内捜索をする場合に、「まき」や棍棒を持って乗り込んで行くといったような、前線は決死の覚悟を持ってやっているような次第である。そこで法律上許された武器については、私共は成るべくこれを充実して、前線の法律上の責任を有しているところの職務が完全に果されるように懇請をしている次第である」と答弁した。現場の実情は非常に厳しかった。

第五節　対日理事会でのソ連の反発

海上保安庁の設置問題は、昭和二三（一九四八）年四月二八日の第五八回対日理事会（Allied Council for Japan）で議論された。対日理事会は、昭和二〇（一九四五）年一二月二四日のモスクワでの米英ソの三国外相会議の共同コミュニケによりワシントンの極東委員会とともに東京に設置された最高司令官の諮問機関であった。日本の占領及び管理条件並びにそれに係る補足的な指令の実施に関して、最高司令官の諮問を受けて助言した。議長である最高司令官（又はその代理）と米、ソ、中、英連邦の各委員により構成された。議長は、最高司令官の代理として、第一～二回会議は米陸軍軍人でGHQ経済科学局長のウィリアム・フレデリック・マーカット（William F. Marquat）、第三～三八回は米外交官のジョージ・アチソン（George Atcheson）、その後、最終一六四回まで米外交官のウィリアム・ジョセフ・シーボルト（William J. Sebald）が務めた。昭和二一（一九四六）年四月五日の第一回会議から昭和二七（一九五二）年四月二三日の第一六四回まで二週間に一回開催された[157]。議題は占領政策全般に及んだ。海上保安庁の設置が議題となった第五八回対日理事会は、東京丸の内の明治生命ビルで開催され、シーボルトが議長を務めた。

以下、外務省が編纂した朝海浩一郎報告書[158]をもとに、当時の対日理事会での議論を確認したい。昭和五二（一九七七）年六月、外務省はそれまで非公開としてきた終戦、占領時の外交文書の一部を公開した。その公開文書の中に朝海メモがある。朝海メモは外交官であった朝海浩一郎の書き残したメモである。朝海は、終戦連絡中央事務局総務課長であった昭和二〇（一九四五）年一一月から昭和二一（一九四六）年八月までの間と、同事務局総務部長であった昭和二一（一九四六）年から同年末にかけて、賠償問題、労働争議問題、台湾人の裁判権問題などについて占領軍と接触した当時の様子をメモに残した[159]。朝海は、会議の内容を部長、局長、次官、大臣と一々報告するのは煩わしかったのでメモを作成したとし[160]、吉田茂外務大臣や関係閣僚もメモを読んでいたという[161]。その朝海メモを『毎日新聞』が書籍として刊行したのが朝海浩一郎報告書である。

対日理事会では当面の日本の大問題について議論されたが、日本側には代表権も発言権も与えられなかった。議事の内容はあとで発表されたが、朝海は会議の雰囲気を知るために毎回出席していたという[162]。朝海は、対日理事会に日本人としてほとんどただ一人、四面アメリカ人の中に居り[163]、役人で出席していたのは自分くらいであったという[164]。朝海曰く、極東委員会はマッカーサーを牽制するために日本の占領政策を作る委員会として設置されたが、ワシントンに置いて一種の棚上げ状態とし、また、アメリカ以外の不満をそらすために日本には対日理事会を置いたが、マッカーサーがやりにくくないように諮問に応ずるだけの権限しかない機関にし、政策はつくれないことにしてしまった。こうした性格の対日理事会において日本占領に関する各種の問題をアメリカ、ソ連、英連邦、中国で論じたが、日本の弁護に回ったのはアメリカで、一番批判的であったのがソ連であった[165]。米ソは対日理事会において、ことごとに対立して意見が合わず、次第にアメリカは対日理事会を意識的に骨抜きにするようになった[166]。対日理事会は開催されるが、議長のアメリカ代表が「今回は特に議題なし。会議は閉会する」と宣言して一分くらいで槌で机上を叩いて散会していたという[167]。一方、GHQ内部も一枚岩でなかったようである。吉田茂総理が説明する相手は、主としてウィロビーが部長を務めるG2であったが、政治問題ではホイットニーが局長を務めるGSと接触しており、G2とGSの両者には権力争いから日本側への指示にも食い違いが出てきていたという[168]。ウィロビーとホイットニーは犬猿の仲であった。

朝海は、海上保安庁の設置問題が議題とされた第五八回対日理事会の様子をどのようにメモに残したのだろうか。対日理事会は、しばらく議題がない日が続いていたが、この問題は豪州代表から要請があって開催されることになり、傍聴席はほぼ満員であった[169]。本件の主管官はGSのヘーズ大佐で、偶然隣り合わせになった朝海は開会前に雑談を重ね、この中でヘーズ大佐は次のように述べたという[170]。

「日本の新聞がこの問題についてかなりセンセーショナルに取扱い、水上の巡邏といい、あるいは海上の治安確保といい、あるいは武装を論じ、これらが詳細ソ連代表等によって継ぎ合わされ、華府等にも大げさに報道された。極東委員会においてもこの問題が取り上げられている。自分等としては予てからかかることのあるべきことを予見し、本法案の審議に当っては慎重の上にも慎重の態度をとり、ポリシーディレクティブス（政策指令）はもちろん、国際法の諸原則等も十分に研究し審議を尽くした次第であって、各国の攻撃に対しては十二分防衛し得る自信がある」

GSのヘーズ大佐は、昭和二三（一九四八）年四月二八日の対日理事会の前に、日本の新聞が海上保安庁の設置問題をかなりセンセーショナルに報じ、その武装についても論じられたことに言及し、同理事会においてこの問題に対するソ連代表等の攻撃を念頭に置いていた。さて、対日理事会の様子であるが、開催を要請した豪州代表のショー氏がこの問題を切り出した。ショー氏は、「この問題は極東委員会で議論されていると了解しており、同委員会はこの法案を検討するのに適当な団体であると思われる。ただし、この法案は日本政府の下に沿岸防備隊を設置することを許容する法律であることについて、対日理事会の注意を喚起したい。不幸にしてこの問題に関し、外国新聞特派員が大げさに報道したが、この法律を詳細に研究してみれば、新聞報道は不正確であることが判る。しかしこの問題に含まれている原則は重要であり、対日理事会代表国は大きな関心を持たざるを得ない」と発言した。

これに対して、米外交官のシーボルト議長は、「ショー氏の発言は最高司令官がその権限を超えて行動したような含みがあるが、最高司令官は立法に先立ち、協議する必要はないし、協議を行うことが好ましいとも認められない。GHQとしては、海上保安庁を設置するために日本側に命令を発したわけではなく、日本側とGHQとの間の論議は、必要な行政措置を確保するための協議の形で行われた。また、関係法令の写しはルーティンの事項として審議のため極東委員会に送付され、四月九日には同委員会で回覧された。本法律は日本沿岸における密貿易等を阻止するために必要な一般的な措置である。本法律自身はなんら議論を必要としない。本事案の場合においては、なんら日本側に命令を発出することはなく、最高司令官としてはこれを行政的事案と認め、占領目的を達成しようとしたものである。手続上からも目下極東委員会で審議しているにもかかわらず、対日理事会でも並行して討議を行うことは全く不適当である」と発言した。

この発言に対して、中国代表の商震上将から、「日本沿岸の防衛の必要は認めるが、自分等は日本占領の終局の目標を忘れてはならない。その目標とは日本を再び世界の平和と安全に対する脅威とならないようにすることである。よって、この機関が限定された警察力以上のものを有しないことを了解しておかなければならない。日本政府の不当な権力の濫用となって、海軍力の再興となるようなことがないよう自分等の注意を集中しなくてはならない。使用船舶の重量、速力、トン数、人員の選択、武装等の技術的な詳細の検討はGHQ係官の任務であり、彼等により適宜策定されなければならない」と述べた。

これに対して、シーボルト議長は、「法律自体において必要な保証規定を設けている」と述べて理解を求めた。シーボルト議長が言及した保証規定とは、新聞のスクープ記事が出た後にGHQが対日理事会等におけるソ連の反論を予想して法案に明記することを要求した、海上保安庁の軍隊的機能を否定する海上保安庁法第二五条のことだと考えられる。

このあと、米ソ両国が激しく応酬を行うこととなった。キスレンコ少将は、「このような決定を行うにあたって最高司令官は対日理事会に諮り、また極東委員会の決定に先立って独断的に措置を採ることができないと確信している。対日理事会を無視しようとするシーボルト氏の議論には同意できない」と述べ、約一五分間にわたり激しい口調で発言を続けた。このときには対日理事会の開催を要請した豪州代表のショー氏は全く背面に押しやられて沈黙し、反対に米ソの応酬が高潮に達した。

キスレンコ少将の発言について、通訳者が、「本問題について、一方的な措置がとられたことに対し理事会代表者の注意を喚起したい。しかも、こうした措置は最初のことではないのである。このような重要事項について、相談なしに措置がとられた事例を詳細に論ずることはしないが、今回と似たような措置は…」と通訳したところで、シーボルト議長はそれ以上の通訳を遮り、「議題は海上保安庁の問題である。もし最高司令官のいわゆる独断的措置を議論するのならば、別の問題として議題にのせられたい」と述べた。これに対して、キスレンコ少将は、「議長は自分の発言を最後まで通訳させるようにされたい。儀礼の問題である」と述べたが、シーボルト議長は、「儀礼の問題ではなく、手続きの問題である」と回答した。

キスレンコ少将は、「手続きの違反という理由が判らない」と反論した。シーボルト議長は、「海上保安庁の法律に明確に関係のある発言であるか」と質した。これに対してキスレンコ少将は、「自分の発言を継続させるならば、自分の言おうとしているところは明確になるだろう」「自分の問題は完全に議題に関係のある問題である」と述べた。これに対してさすがにシーボルト議長も反論できず、「ソ連代表の発言に異議を申し立てない」と述べた。

この後、キスレンコ少将は警察力強化について論じ始めたことから、シーボルト議長は、議題は海上保安庁の法律の問題であって、一般警察問題ではないと指摘した。さらにシーボルト議長は、キスレンコ少将が言う「新たな警察組織」とは何のことかと質したところ、キスレンコ少将は「海上保安庁のことである」と答えた。シーボルト議長は、「それならば海上保安庁は警察力であるか」と質したところ、キスレンコ少将は、「警察力以外のものではあり得ない」と答えた。これに対して、シーボルト議長は（低い声で）「very well」と答えた。

朝海は、アメリカのシーボルト議長とソ連のキスレンコ少将との応酬を克明にメモに残しているが、シーボルト議長は何故、（低い声で）「very well」と答えたのだろうか。アメリカは、対日理事会と極東委員会においてソ連をはじめとした各国が海上保安庁を海軍の復活と捉えることを警戒した。仮にソ連等の反対で海上保安庁設置法案の了承が得られなければ、アメリカの権威は失墜して影響力が著しく低下したであろう。しかし、キスレンコ少将は海上保安庁を軍隊組織ではなく、「新たな警察組織」「警察力以外のものではあり得ない」と認識していた。すなわち、GHQの主体であったアメリカがソ連等の反対を見越して、予め日本側に要求して追加させた海上保安庁法第二五条が効果を発揮したのである。このため、シーボルト議長はうまくいったという意味で、（低い声で）「very well」と答えたと考えられる。

この後も米ソの応酬は続いた。キスレンコ少将は、法第四条で職務に必要な装備が認められ、日本側に武器の選択ができる権限が出てくるため、この沿岸防備隊は武装するおそれがあり日本の武装力の再興となるとして、極東委員会がこの問題について決定するまでは本法律を停止するよう求めた。これに対してシーボルト議長は、不法入国船舶監視本部の船艇がいかに劣っているかを説明した上で、非武装であると述べてその写真を記者団に回覧した。シーボルト議長から発言を求められた豪州代表のショー氏は、この問題は極東委員会には諮られているが、対日理事会に協議する義務がないという議論には賛成できない、このような重大な案件についてては事前の協議が行われるべきであると述べた。中国代表の商震上将から、この組織が軍事組織として作り上げられることのないよう、予防的措置をとる必要があり、技術的な細目はGHQの係官が解決すべきものであると述べた。シーボルト議長はキスレンコ少将に発言の機会を与えたが、キスレンコ少将はこれ以上発言する意思はない旨述べ、理事会は散会した。

以上、朝海が書き残したとおり、対日理事会での海上保安庁の設置問題は紛糾した。午前一〇時に開会し散会したのは一一時一五分であり、一時間以上にわたって、米ソの激しい応酬が繰り広げられた。ソ連のキスレンコ少将は海上保安庁を新たな警察組織としながらも、武装する恐れがあり、日本の武力の再興になることに懸念を示した。中国代表の商震上将も同じく懸念を示し、軍事組織として創設されないよう予防的措置を求めた。戦力不保持等の規定を含む日本国憲法が施行されたのは昭和二二（一九四七）年五月三日である。当時は日本が再武装することについて極めて強い警戒感をソ連や中国が持っていたことがわかる。しかし、ソ連等の反対を予想して追加させた軍隊機能を否定する第二五条の規定のおかげで、海上保安庁の設置問題はかろうじて対日理事会を乗り切った。アメリカにとっては、ソ連の脅威が増す中で、将来の実力部隊となり得る海上保安庁を不完全な形であっても先ずは発足させることが戦略的利益に適うことであったのだろう。

初代海上保安庁長官の大久保武雄は、「海軍解体後、日本周辺の海では密航密貿易が横行し、漁船が次々に拿捕され、鉄船が触雷して沈没する暗黒時代が到来した」「しかし日本に対する戦勝国の態度は冷やかで厳しかった」「海上保安庁は、ＧＨＱ内部の思想不統一、対日理事会や極東委員会でのソ連を始めとする諸国の妨害を受けて」「草案にあった大砲搭載、武器の所持は許されず、船舶の速力やトン数が制限されるといった状態であった」と当時を振り返った[171]。ソ連を始めとする諸国の対日理事会、極東委員会での妨害は、「戦後初めて敗戦国日本に設立されようとする実力機関」である海上保安庁に対するものであった[172]。

第四章
朝鮮戦争時の海上保安庁の機雷掃海

第一節　朝鮮戦争の勃発とGHQの増員指令

第二次世界大戦後、アメリカを中心とする資本主義陣営（西側諸国）とソ連を中心とした社会主義陣営（東側諸国）が対立した。米ソの冷戦は厳しさを増していき、米国の対日政策も日本の非軍事化・民主化を進めるというものから、日本を経済的に自立させるとともに極東における共産主義への防波堤とする方向に変化していった。対日理事会に毎回出席し、米ソの対立を肌で感じた朝海浩一郎も、「アメリカの占領政策は朝鮮戦争で変わった。自分がダレスと接触していた当時、中共はアメリカの外交政策の目の敵であった。目の敵だったからこそ日本に一つのプラスになった。この背景があり、加えて朝鮮戦争があったので、急遽、アメリカは対日政策を転換した。それは間違いない」と述べている[173]。朝海が述べた「中共」とは毛沢東の下で昭和二四（一九四九）年一〇月に成立した中華人民共和国のことである。朝海は、中国はアメリカの外交政策上の敵であり、さらに昭和二五（一九五〇）年六月二五日に朝鮮戦争が勃発したこともあってアメリカの対日政策は転換したとする。アメリカの対日政策の転換は海上保安庁にも大きな影響を与えていくことになる。東京高等商船学校航海科を卒業した元船員で元海軍軍人（予備将校）であった三田一也は、海上保安庁に入庁し、長官に次ぐポストの警備救難監であった昭和二四（一九四九）年一二月に、のちに海上保安大学校の校長となる伊藤邦彦とともにアメリカのコースト・ガードの研修に赴き、ワシントンの本部等を視察して翌年四月下旬に帰国した[174]。このとき三田は所見として、

一、アメリカ側は、コースト・ガードの装備を理解させ、その分身を日本に配置し、共同作戦に有利なご

とく計画したものと思われた。

二、朝鮮戦争は、情報関係者は予知していた模様で、「一九五〇年八月北海道へ侵入される」旨、冗談らしく話された。

三、アメリカは海上保安庁を差し当たりコースト・ガードのごとく海軍の補助機関として使う考え方で、特に掃海勢力は予備士官が大戦中担当したことを知っていたので好都合と考えていた。滞米研修中も対潜作戦、掃海作戦について突っ込んだ議論をした。

四、アメリカも、海軍とコースト・ガードとは必ずしも密接不離ではなく競合していた。

と記した[175]。朝鮮戦争の前年に渡米して戦争の直前に帰国した元海軍軍人であった三田が感じたアメリカの関心事項は、共産主義国との戦争を念頭に置いた、日米共同作戦、機雷掃海といったものであった。朝鮮戦争を前にして、アメリカは日本を共産主義の防波堤とすべく海上保安庁を軍隊に準ずる補助的な機関（Paramilitary）として活用しようとしていたことがわかる。実際にアメリカは海上保安庁に対して、昭和二三（一九四八）年の終わり頃には、樺太（サハリン）沖を遊弋するソビエト艦隊に接近して通過しながら写真を撮影したり、ソ連に拿捕されたことのある漁船員たちに、現在ソ連に支配されている諸島の砲台の位置などについて尋ねるといった任務を割り当て、これらの任務は北海道で行動する巡視船により実施されていた[176]。

米ソ両国に分割占領された朝鮮半島では、南に大韓民国が、北に朝鮮民主主義人民共和国が成立して対立した。そして昭和二五（一九五〇）年六月二五日、北朝鮮が軍事境界線（三八度線）を越えて韓国を突然攻撃し、朝鮮戦争が勃発した。これは米ソを中心とした東西両陣営の代理戦争という様相を呈した。海上保安庁の発足から約二年後の出来事であった。海上保安庁長官であった大久保の回想によれば[177]、朝鮮戦争の勃発後、大久保はＧＨＱのＧ２（参謀第二部）公安局海上課のレッチェー課長とアメリカ海軍司令部参謀副長のアーレイ・バーク少将と緊密な連携をとったという。釜山が陥落した場合の敗兵や難民の上陸、敵の追撃等が考えられないわけでなく、対馬、北九州、山陰方面の警備は重大局面に遭遇し、全国から船艇を集めて警備に当たらせることとし、非常警戒体制の指令を発した。さらに大久保は、戦争に関わる米軍情報と海上保安庁が入手した情報を吉田茂総理に直接報告した。

国連安全保障理事会は、同六月二七日に北朝鮮の行動を侵略行為と認定した。そして、同六月二七日の国連安保理決議第八三号及び七月七日の同決議第八四号に基づき、「武力攻撃を撃退し、かつ、この地域における国際の平和と安全を回復する」ことを目的として七月に朝鮮国連軍が創設された。朝鮮国連軍の司令部は東京に置かれ、総司令官にはマッカーサーが任命された。戦局は北朝鮮側の有利に展開し、同六月二八日には北朝鮮軍はソウルに入城し、ソウルから追い出された韓国政府は首都を六月二八日に大田に移転した。在日米軍の多くが朝鮮国連軍の主力として朝鮮半島に出動し、国内の基地は手薄となった。こうした状況を受けて、同七月八日、マッカーサーから吉田総理に対して、海上保安庁の八千人増員を求める書簡（以下「マッカーサー書簡」という。）が送られた。その書簡には次のように書かれてあった。

「日本の各港および沿岸水域の安全に関する限り、海上保安庁は現在まで非常に満足すべき成果をあげてきた。しかし事態の推移は日本の長い沿岸水域すべてにわたって不法入国および密貿易を防止するには、現在法律によって定められた以上の勢力を海上保安庁が使用しなければならないことを明らかにしている。従って私は日本政府に対して、それに必要な措置……現在海上保安庁の下にある人員をさらに八千名増加する権限を認める。」

不法入国や密貿易の防止を図るための海上保安庁の勢力の絶対的不足は事実であったし、勢力の問題だけではなく、巡視船の武装が制限されていたことで、現場の職務遂行は非常な苦労のもとで行われていた。マッカーサー書簡には海上保安庁に関する以外に七万五千人の警察予備隊の増強が含まれていた。マッカーサーは日本駐留軍を朝鮮戦線に投入したが、その虚を突いてソ連が日本奇襲に出ることを警戒したのであった[178]。警察予備隊の増員について、最初はそれを単に警察力の強化措置のみと考えられ、警察予備隊の本質は理解されなかったように、大久保も八千名の増員が何を意味するのか、初めは分からなかった[179]。大久保はアメリカのコースト・ガードから海軍が生まれたように、いずれは海軍が海上保安庁から生まれてくると考えていたので[180]、これはその海軍ではないかと疑った。大久保の通訳を務めた海上保安庁渉外連絡官の大野保親は、マッカーサー書簡の写しをＧＨＱのＧ２公安局海上課のレッチェー課長から受け取り、大久保のもとに持参して翻訳した[181]。そして、大久保と大野はマッカーサー書簡の内容が何を意味するのか教えてもらいにレッチェー課長を訪問したところ[182]、新しい機構が設立される予定ではないと教えられた[183]。ＧＨＱのレッチェー課長は、昭和二五（一九五〇）年七月一三日付けの正式文書で[184]次のとおり回答した。

「海上における生命財産の保護と日本沿岸水域における国内法の施行は、貴官（大久保長官）の任務であり、海上保安庁がその制約下に、絶えず最大効率を上げるべく努力しなければならない任務である。確かに現在の海上保安庁の巡視船隊は隻数においても、また船型の面でも不十分である。隻数についての不足は船艇を借り上げることで解決されるが、雇い入れに適した型の船艇が日本国内において入手できるとは考えられない。新しい巡視船を建造することによって、隻数の不足も船型の不具合も解消できる。……日本海岸に指向された、侵略的な水陸両方面にわたる行動を探知し防止するために、日本領海の巡視を行うことは、日本政府と海上保安庁にとって確かに重大関心事である。しかし、そのような巡視は軍事的性格を帯びたものであり、巡視船には海軍艦艇のような戦闘力を有するものが必要となるだろう。だが、日本政府は武装された海軍艦艇型の船艇を保有する責任も権限も与えられていないので、この目的で艦艇型の船を借り入れたり建造することはムダであろう……不慮の事故に対して、それが発生した場合および、いつ発生するか（原文のまま）に備えて、完全な対策を立てておくことは、確かに悪いことではない。しかし、現在、日本が果たすべき役目でもない事柄に対して計画を立てておくことは、ただ日本および連合軍最高司令官のためにならないばかりであろう。」

と回答した。増員部隊は海上保安庁の任務をさらに効率よく実施するため、現有勢力の強化を意味するものであった[185]。マッカーサー書簡の意味を明確にするレッチェー課長からの書簡を受け取った海上保安庁は、同庁の増強に関する海上保安庁法改正案の概要をＧＨＱに対して、書簡により問い合わせて助言を求めることにした。この「海上保安庁より総司令部公安局あて書簡」中の海上保安庁法改正案には、人員を一万名から一万八千名に増加する、船艇のトン数を五万トンから七万五千トンに引き上げる、そして、速力と武装に関する制限を撤廃するための改正事項が含まれていた[186]。増員と保有船艇の隻数と総トン数の増強は認められたが、船艇の速力と武装についてはＧＨＱから何の返答もなかった[187]。

当時、海上保安庁長官であった大久保は、海上防衛についてはレッチェー課長からの書簡にあるとおり、アメリカ海軍に任せ、日本が海上防衛に手を付けるのは日本が占領から解放された独立後の問題となるだろうと思ったという[188]。

大久保はマッカーサー書簡が出された後、情報連絡を兼ねて吉田総理を訪ねた際、吉田総理は、「海上保安庁はなかなかよくやっている。私は日本に軍隊をつくることはなるべく避けたい。当分考えんでよろしい、軍隊には金がかかる。今日本は経済が困っているときだから、金のかかることはアメリカにやってもらって、日本は経済の発展に専念したい。日本の経済が発展して金ができると自然に軍隊も養うことができる。日本の防衛をアメリカがやってくれていることはありがたいことだ」「私は、君の着ている紺色の制服は好きだが、カーキ色は大嫌いでね」と言って大きく笑ったという[189]。

第二節　ＧＨＱの朝鮮水域での機雷掃海要請

朝鮮戦争において、北朝鮮は朝鮮国連軍の上陸を阻止するため、多数のソ連製機雷を主要港に敷設していた[190]。一方、アメリカ海軍では、第二次世界大戦後、戦争終結に伴う国防予算の削減に伴い、海軍兵力の大幅な削減が行われた[191]。昭和二一（一九四六）年、日本に駐留していたアメリカ海軍掃海部隊はカルフォルニアに引き揚げ、翌年までに太平洋機雷戦部隊は廃止され、掃海業務は後方支援および駆逐艦部隊の付随業務に移管されていた[192]。この結果、第二次世界大戦中、アメリカ海軍太平洋艦隊にあった約五〇〇隻の掃海艇は、朝鮮戦争開始時には二二隻となり、このうち極東水域で使用できるのは、木製掃海艇六隻、鋼製掃海艇四隻であり、これに傭船中の日本の掃海艇一二隻を加えた二二隻が全てであった[193]。昭和二五（一九五〇）

年八月、極東アメリカ海軍部隊司令官C・ターナー・ジョイ中将は朝鮮戦線を訪れていたアメリカ海軍作戦部長フォレスト・P・シャーマン大将に掃海部隊増強の可能性について訪ねたが、シャーマン大将は他に優先度の高いものがあるとして否定的な考え方を示した[194]。

アメリカ海軍のジョイ司令官の参謀副長であったアーレイ・バーク少将は上陸作戦のための艦船が限られているという理由で、元山上陸の計画に反対した[195]。バーク少将は、アメリカ海軍が相当の障害を排除し得る掃海部隊を持っておらず、北朝鮮海域に侵入すれば複雑なソ連製感応機雷に遭遇する可能性をよく知っていた[196]。バーク少将は、海上保安庁にソ連製感応機雷を処理できる、高い練度を持った唯一の掃海部隊があると認識していた。終戦時、日本の近海には日本海軍が敷設した係維機雷約五五〇〇〇個とアメリカ軍が敷設した感応機雷約六五〇〇個が残っていた。昭和二〇（一九四五）年九月二日のSCAPIN-1（陸海軍武装解除降伏等に関する一般命令）及び九月三日のSCAPIN-2により、日本国及び朝鮮水域にある機雷は、GHQの指示の下に日本政府が掃海作業を実施することとなり、海軍省内に掃海部が設置された[197]。その後、掃海業務の所管は海軍省の廃止に伴い、第二復員省、復員庁、運輸省海運総局、海上保安庁へと変わっていった。海上保安庁に引き継がれたときの掃海隊員は一五〇〇人、掃海船は五一隻であった[198]。機雷を掃海して航路と港湾を開くことは日本再建の鍵であった。この危険な掃海作業に従事する隊員は旧海軍軍人が多かった[199]。

マッカーサーの命令により元山上陸作戦は正式に決定され、バーク少将は海上保安庁長官の大久保を極東アメリカ海軍部隊司令部作戦室に呼んだ[200]。大久保の回想によれば、昭和二五（一九五〇）年一〇月二日、バーク少将から「至急会いたい」との連絡を受けて、アメリカ海軍部隊司令部にバーク少将を訪ねると作戦室に案内され、バーク少将は朝鮮戦争の情況について地図を指し示して説明し、北朝鮮が敷設している高性能のソ連製機雷の危険性については特に強調したという[201]。そして、バーク少将は大久保に、「仁川上陸作戦に続く元山上陸作戦が、北朝鮮側が港湾内外に敷設している機雷のために予定通り行かずに困っている。海上保安庁の掃海隊にぜひ協力してもらいたい」と述べ[202]、「日本掃海隊は優秀で深く信頼している」と付け加えたという[203]。バーク少将から海上保安庁の掃海部隊の派遣について要請された大久保は、「いや、それはできない。憲法上許されないし、私にはそれを実施する権限もない」と答えたが[204]、朝鮮水域にかかわることで、現に戦争が展開されていることから、その提案は重大で最高の判断を求めなければならず、急を要するとして、吉田総理に報告して指示を仰ぐこととした[205]。このときの状況について読売新聞戦後史班は、「吉田総理は厳しい選択を迫られることになった。要請を受け入れれば、憲法第九条に抵触するおそれが十分にある。万一これが表ざたになれば政治問題に発展することは必至である。さらに、米国以外の連合国を刺激して、当時ようやく具体化しはじめていた対日講和条約締結問題に悪影響を及ぼすのではないか。要請を拒否すれば、今度はアメリカを怒らせて、ダレス特使との間で進んでいた単独講和構想など吹っ飛んでしまうかもしれない」と吉田総理の当時の心情を描写した[206]。大久保の報告に耳を傾けていた吉田総理は、「わかった。出しましょう。国連軍に協力するのは日本政府の方針である。君から少将に、そう伝えてくれたまえ。ただし、掃海隊の派遣とその行動についてはいっさい秘密にするように」と大久保に回答した[207]。吉田総理は大久保の報告に対して、バーク少将の提案に従うことを許可したのであった[208]。

アメリカ海軍の要請に応えて朝鮮水域に海上保安庁の掃海艇を出すという吉田総理の決定について、大久保は緊急幹部会を開いた。緊急幹部会には大久保のほか、柳沢米吉次長、三田一也警備救難監、寺田新六総務部長や各部長、田村久三航路啓開本部長らが参集した。問題になったのは、海上保安庁法第二五条に非軍事的部隊とうたわれている海上保安庁が戦場に参加していいのかということであった[209]。一般に戦闘行為が継続されている中での機雷の掃海作業は、機雷を敷設した勢力に対する武力行使だと認識される。当時、海上保安庁には航路啓開本部が置かれて掃海作業が行われていたが、これはあくまで太平洋戦争中に日米両軍が敷設した機雷を処理していたものであり、その掃海部隊を戦時中の朝鮮水域に出動させていいのかどうか、ということが問題となったのである。

海上保安庁の内部では、戦時中の朝鮮水域での掃海と海上保安庁法第二五条との関係について様々な意見が出る中、長官の大久保はその合法性を次のように説明した。大久保は合法性の根拠をSCAPIN-2に求めた。昭和二〇(一九四五)年九月三日のSCAPIN-2では日本国内に残存する機雷のみならず、日本の統治下にあった朝鮮に残存していた機雷についても日本政府が掃海作業を行うこととなっていた。具体的には、「日本帝国大本営はいっさいの掃海艇が所定の武装解除の方法を実行し、所要の燃料を補給し、掃海作業に役立ちうるごとく、準備すべし。日本国および朝鮮水域における機雷は、連合軍最高指揮官所定の海軍代表により指示せらるるところに従い掃海すべし」と指令されていたのであった。SCAPIN-2には日本政府がGHQの指示により掃海を行う水域として、「朝鮮水域」が入っていた。長官の大久保は、SCAPIN-2に掃海水域として「朝鮮水域」が入っていることを根拠として、海上保安庁の掃海部隊の出動の合法性を説いたのであった。しかし、SCAPIN-2でいう機雷とは先の大戦中に敷設された機雷を想定したものであることは明白であり、GHQは戦後処理の一環としてその掃海作業を日本に負わせたものであったが、大久保は、いわばSCAPIN-2を拡大解釈する形で朝鮮水域における機雷掃海の合法性を導こうとしたのであった。読売新聞戦後史班は、この大久保の説明について、「太平洋戦争時の残置機雷の掃海を命じたGHQの指令の中から〈朝鮮水域〉を見つけ出してきて、朝鮮戦争の掃海にくっつけたあたりは、苦しまぎれの大義名分づくりの気がしないでもない」と評した。幹部の間からも質問や意見が出たが、結局は、吉田総理がすでに許可を出しているのだから、というところに落ち着いたという[210]。

吉田総理は、憲法第九条がある中、当時の国際情勢や対日講和条約締結前の日本の立場等を総合的に勘案した上で、海上保安庁の掃海艇を戦争中の他国の水域に出動させるという決定をしたが、この吉田総理の決断には海上保安庁長官の大久保が深く関わっていた。大久保は、読売新聞戦後史班の取材に対し、「ポツダム宣言を受諾した日本は、マッカーサー元帥の命令には絶対的な服従が要請された。その占領軍の総本山ＧＨＱから二〇年九月二日に出された一般命令の第二号、これに〈朝鮮水域〉という文字が入っておったわけです。この命令があったからこそ、海軍省が復員省の第二復員局になったときに、旧海軍の掃海部隊が第二復員局掃海課として残され、それを海上保安庁が引き継いでいた。首相が国連軍に協力すべしの判断を下されたのも、私がこの掃海隊の経過と、命令文中の〈朝鮮水域〉の文字を報告、説明したことが、幾らかはプラスに働いたように思う」と回想した[211]。したがって大久保は、ＧＨＱからの要請で日本政府が断ることが事実上不可能な中、SCAPIN-2の〈朝鮮水域〉の文言を見つけ出して説明し、吉田総理が決断し易いように振り付けたとも言える。

警備救難監であった三田は、「当時は、ＧＨＱから言ってくることについては否も応もなし、というのが本音だった。海上保安庁としては、この際責任の所在をはっきりさせたうえで実行に移すことが確認された」と当時の状況を回想した[212]。三田は、責任の所在をはっきりさせることを派遣の前提としたが、大久保も一〇月二日にバーク少将から朝鮮水域の掃海を要請されたとき、ＧＨＱより文書をもって日本政府に指令することを申し入れていた[213]。海上保安庁側では掃海隊を朝鮮水域に出すにあたって「マッカーサー元帥からの指令としてほしい」と要望した。掃海という作業の性質上、事故の場合の補償問題と憲法第九条を考えてＧＨＱの命令による出動であることを確認しておこうとしたのであった[214]。

吉田総理は、「掃海隊の派遣とその行動については一切秘密にするように」と大久保に厳命した。後に大久保は、海上保安庁による朝鮮水域の掃海作業は、いまだ講和条約が調印されておらず、国際的にも微妙な立場にあることから秘密裏に行うことになったと回想した[215]。当時の状況とすれば、北朝鮮軍が敷設した機雷を戦争中に海上保安庁が掃海するのは、武力行使として憲法第九条や海上保安庁法第二五条に抵触するおそれが大きかったが、占領下にあってアメリカに抗うことが国益上大きな損失になることを考え合わせれば、やむを得ない選択だったと言える。戦争放棄を謳った平和憲法の施行から僅か三年あまりの時期に行われた、アメリカによる朝鮮戦争への出動要請からは、先の増員指令と合わせて、アメリカの対日政策が日本の非軍事化を進めるという政策から、日本を極東における共産主義への防波堤とする政策に転換していったことが見て取れる。

第三節　海上保安庁による朝鮮水域の機雷掃海

掃海部隊を朝鮮水域に派遣するに当たり、ＧＨＱより文書をもって日本政府に指令することを申し入れていたことを受け、昭和二五（一九五〇）年一〇月四日、アメリカ海軍司令官のジョイ中将は山崎運輸大臣宛に「日本掃海艇ヲ朝鮮掃海ニ使用ニ関スル指令」を発した。同指令は日本政府は二〇隻の掃海船、一隻の試航船、四隻の巡視船を可及的速やかに門司に集結させよという内容を含むものであった。掃海部隊が出動する同一〇月六日にはジョイ中将は日本政府に対して、次のＧＨＱ指令（SCAPIN）を発した。その内容は次のとおりであった[216]。

一、連合軍最高司令官は、朝鮮水域において日本掃海艇二〇隻、試航船一隻、およびその他四隻の巡視船の使用を認可し指示した。したがって正規な海軍経路を通じ、極東司令部によって将来出される指令に応ずるため、日本政府は、門司に集結しているこれらの船舶に必要な命令を発することを指令する。
二、朝鮮海域におけるこれらの任務に対する船舶の標識は、万国信号E旗（特殊任務）を掲げること。
三、これらの船舶に所属する人は、本任務中二倍の給与を受ける。朝鮮海域における間の補給はアメリカ海軍にて供給する。

このGHQ指令に基づき、日本政府は運輸大臣より海上保安庁長官に対して特別掃海隊の朝鮮水域派遣を下令した[217]。当時の海上保安庁航路啓開本部長は、海軍兵学校（四六期）卒業の旧海軍大佐であった田村久三であった。田村は戦争中には掃海を主とする防備部隊を指揮した[218]。終戦後は第二復員局掃海課長となり、海上保安庁の創設と同時に掃海課長、昭和二五（一九五〇）年六月の組織改正で航路啓開本部長となった[219]。田村は総指揮官として朝鮮派遣特別掃海部隊を編成した。特別掃海隊は四隊に分けられた。一番隊の指揮官は元海軍中佐で第七管区航路啓開部長の山上亀三雄、二番隊の指揮官は元海軍中佐で第五管区航路啓開部長の能勢省吾、三番隊の指揮官は元海軍中佐で第九管区航路啓開部長の石飛矼、四番隊の指揮官は元海軍少佐で第二管区航路啓開部長の萩原旻四であり、いずれも旧海軍の正規将校が指揮官を務めた。掃海隊員は旧海軍出身者が多くを占めた[220]。

海上保安庁長官の大久保は、警備救難監の三田らとともに、掃海艇が集結した下関に急行し、これまでの経過と日本政府の意向を伝えた上で、「日本が独立するためには、私たちはこの試練を乗り越えて国際的信頼を勝ち取らなければならない。諸君の門出に当たって、岸壁に日の丸を振る人はいないけれども後世の日本の歴史は必ず諸君の行動を評価してくれるものと信ずる」と激励した[221]。警備救難監の三田は、当時の状況について、「掃海隊の乗組員のほとんどが軍隊経験者だとはいえ、戦争が終わってやれやれと思っているのに、また戦場に行ってほしいとは言いにくい。それもよその国の戦争だ。私自身も日中戦争の時には掃海隊の一員として揚子江に行っている。どこに仕掛けてあるかわからない機雷を探すんだから、知らずに引っかけてボーンとやったらそれまでの危険な作業です。だから、朝鮮へ行ってもらう人たちには〈応募〉という形をとった。指揮官や船長には田村本部長から、掃海艇や巡視船の乗組員には各指揮官から、それぞれ口頭で『これこれなんだが、お前行くか』ってね。むろん二倍の給料という条件をつけてだが、ほとんどが『OK』だった。その報告を聞いた時には、やはり海の男の魂いまだ衰えずの感慨だった」と読売新聞戦後史班の取材に対して回想した[222]。隊員の中にはためらう者もあったが、給与を二倍にすると約束され、強い激励の言葉を与えられた後には朝鮮行きをどうしても嫌だという者はいなかったという[223]。

四番隊の指揮官であった萩原旻四（元海軍少佐で第二管区航路啓開部長）は、読売新聞戦後史班の取材に対して次のように述べている。萩原は、「田村総指揮官から『佐世保へ行け。アメリカ海軍掃海部隊の指揮官が行き先を指示することになっている』と命令された。この時点で、乗務員を集めて、これまでの経過と朝鮮に行くことを話し、嫌な者は下船自由、各艇長に申し出てもらいたいと言ったのだが、降りたのは一人だけ。というのも、隊員たちのほとんどは、終戦以来、私が瀬戸内海で掃海をやっていた時に、手を取るようにして掃海のイロハを教えた人たち。だから『萩原さんが指揮官ならどこへでも行きますよ』と言ってくれた。それだけに私も無責任なことはしたくなかった」と述懐した[224]。また、二番隊の指揮官（第二次）であった石野自彊も、「今更なんで朝鮮まで出掛けて、死の危険をおかしてまで掃海せねばならないのか、という疑問によって動揺した時期もあったが、直ちにとられた諸措置と、占領下の日本の置かれた立場を納得し、朝鮮水域に出動したのであるが、大部の乗員の考えの根底には……占領からの脱却、独立国日本の実現に何らかの寄与ができるのではないかという期待があったものと思う」と当時の心情を述べた[225]。

掃海隊の指揮官と隊員の多くは旧海軍出身であった。彼らは、海洋立国日本の生きる血脈である海上交通路、港湾を、一日も早く掃海して、海上交通路を確保し、日本の経済の復興に寄与するため、生命がけで掃海一筋にやってきた人達であった[226]。旧海軍では死なばもろとも運命共同体ともいうべき狭い艦艇の中で指揮官と乗組員は公私を通じ起居をともにしていた。指揮官は自ら先頭に立って率先垂範し、乗組員はそれぞれ自己の責任を全力で尽くしていた。これが海軍の基盤であり、うわべだけの虚飾や虚礼は存在する余地がなかった[227]。旧海軍にはこのような良き伝統があり、戦後の海上保安庁掃海部隊にも引き継がれていた。そして、指揮官以下の掃海隊員は占領下の日本の置かれた立場を十分に理解していた。アメリカから要請された危険な掃海作業に従事することで、国際的な信頼をいち早く回復し、独立国日本の実現に何らかの寄与ができるのではないかという自己犠牲の精神が旧海軍出身者が多くを占める掃海部隊には満ちていた。この二つの要因があったからこそ、朝鮮水域の危険な掃海業務が実現できたと言える。

朝鮮水域での掃海作業は、昭和二五（一九五〇）年一〇月一〇日から同一二月六日までの約八週間にわたり、元山、群山、仁川、海州、鎮南浦で行われた。朝鮮水域での掃海は秘匿とされたが、昭和二五（一九五〇）年一〇月九日付の『東京新聞（夕刊）』は、「日警備艇も掃海へ」と題して、「信頼すべき筋が七日語ったところによれば、日本の沿岸警備艇一二隻が米第七艦隊の指揮下で掃海作業に従事するため朝鮮水域に向け出発した。アメリカ海軍筋はこの報道を確認も否定もしていないが海上保安庁筋では総司令部当局から掃海艇に改装された沿岸警備艇二五隻を一〇月五日までに九州に派遣するよう命令をうけたと語っている」と報じた。掃海作業については、特に国連軍が上陸作戦を予定している元山沖では、無線を封鎖し、夜間には灯火管制も行ってその行動が北朝鮮側に知られないようにした。また、機雷の危険性と深海のため、夜間もエンジンを使って漂泊せざるを得ず、昼間の緊迫した掃海作業と相まって、乗員の疲労は極限に達した[228]。こうした過酷な状況の中、作業開始から一週間後の同一〇月一七日、MS14号艇[229]が触雷して沈没した。死者一名、負傷者一八名という痛ましい事故であった。同一〇月二二日付の『毎日新聞』は、「日本掃海船の作業中止」と題して、「在京アメリカ海軍スポークスマンは、二一日国連雇用の日本掃海船は朝鮮水域で作業中であったが、一九日その一隻が沈没したため二〇日から作業を中止することになったと発表した」と報じた[230]。この事故から一〇日後の同一〇月二七日にも群山沖でMS30号艇が座礁し、死傷者は出なかったが沈没した[231]。大久保は、同一〇月三一日、田村久三特別掃海隊総指揮官を伴い、首相官邸に岡崎勝男官房長官を訪ねた。大久保は岡崎に掃海作業の状況を説明した後に、掃海を継続するか否かについて質した。これに対して岡崎は、吉田総理の伝言として、次のように発言した[232]。

「吉田総理は、日本政府としては、国連軍に全面的に協力し、これによって講和条約をわが国に有利に導かねばならないというお考えである。冬季荒天の朝鮮水域で、しかも老朽化した小舟艇による掃海作業には、多大のご苦労があると思うが、全力を挙げて掃海作業を実施し、アメリカ海軍の要望にそってもらいたい。日本政府としては、このためにはできるだけの手を打つので、他のことは心配せぬように」

吉田は、朝鮮水域における海上保安庁の掃海作業が憲法第九条により政治問題化することを恐れて秘匿したが、アメリカへの協力が早期の対日講和条約締結につながると信じ、海上保安庁の掃海部隊を激励した。

昭和二五（一九五〇）年一二月初旬、北朝鮮における戦況の急変と、概ね指示された任務を終了したことから、日本特別掃海隊は同一一月末から一二月初めにかけて、逐次日本に帰投し、下関に入港した[233]。そして、国連軍が平壌を放棄した同一二月四日、日本特別掃海隊に「作業を終了、帰港せよ」の命令が出された。日本特別掃海隊は、約四〇〇平方キロの水路と約三〇〇平方キロの泊地を掃海し、係維機雷二七個を処分し、国連軍の自由を確保し、戦後韓国復興の一助となる成果を上げた[234]。旧海軍軍人を主体とした掃海部隊は、占領下の日本が早期に独立するためにアメリカの期待に十分に応えたのであった[235]。

朝鮮水域への掃海艇の派遣については、当初は秘匿が徹底されていたが新聞報道もあり、昭和二七（一九五二）年以降の国会で政治問題化した。朝鮮戦争の最中の昭和二七（一九五二）年一二月の衆議院予算委員会において、反吉田の急先鋒だった改進党の中曽根康弘は、「過去日本が占領中、国際連合軍に協力した最大のケースは何であるかといえば、元山に米軍が敵前上陸するとき、日本の海上保安隊が掃海をやった、戦闘行為の一部を負担したということすら現にあった。これは国連協力であるかどうか」と有事における国連への協力範囲を質した。これに対して岡崎勝男外務大臣は、「戦闘に参加しない範囲で、でき得るものは協力したい」と答弁した。さらに中曽根は、「掃海は国連協力の範囲に入るのか」と質したが、岡崎は、「もし機雷があるとすれば、これはどこの機雷かは別として、これを掃海することは普通の輸送路を安全に保つという意味で必要であるから、場合によってはすることがあり得る」と答弁した[236]。後に自由民主党の大物保守政治家となる中曽根の質問に対する政府の答弁は、戦闘に参加しない範囲で、海上交通路の安全確保のために場合によっては「掃海」を行うことがあり得ると説明し、これは戦争放棄を謳った憲法第九条と海上保安庁の軍隊的機能を否定した海上保安庁法第二五条に抵触することなく、海上保安庁法で規定する所掌事務（船舶交通の障害の除去に関すること）の範囲内において「掃海」を行うことがあり得るという内容であった。これは「掃海」という行為を軍事的権力行使ではなく、海上保安庁の所掌事務に基づく行政的権力行使として捉えた場合は憲法第九条及び海上保安庁法第二五条には抵触せず問題ないとの解釈であった。これこそ同一の行為をどちらの側から見るかによって行為の評価が変わることを示したものであった。

同様の国会質疑はこの後も続いた。昭和二八（一九五三）年三月の参議院予算委員会および昭和二九（一九五四）年三月の防衛庁設置法案及び自衛隊法案を審議した衆議院本会議等において、日本社会党は、朝鮮水域への掃海艇派遣は憲法違反だったと問題視した。これに対して政府は、「朝鮮戦線には日本人は一人も行っていない」[237]「日本の掃海艇がかつて掃海に従事したことはもちろんあるが、朝鮮の敵前上陸作戦等に参加したような事実は全然ない」[238]「憲法に違反するようなことはしていない。戦闘に従事したのではなく、掃海に従事した」[239]と説明した。翌年の昭和二九（一九五四）年三月二四日の衆議院外務委員会においても、日本社会党の下川儀太郎は、防衛庁設置法案及び自衛隊法案に関連し、朝鮮戦争での海上保安庁の掃海艇派遣について、「掃海作業には従事したが、参戦していないということを答弁された。昭和二五年のマッカーサーの指令に基づいて出動した掃海作業は、元山に敵前上陸を容易ならしめるための掃海作業であり明らかに参戦である」「一月十八日から五日間産業経済に、『元山上陸作戦に参加、海上保安庁掃海艇』という見出しで掲載されている。しかもマッカーサー元帥の要請でこれをやっているということが明らかにされている。しかもその中には遺族の名前まで出ている。中谷坂太郎という当時二五歳の青年がこの機雷に触れて戦死したことが出ている。しかもその戦死者の墓が四国の金刀比羅宮に祭られており、その記念碑には吉田総理が揮毫しているという事実までが明確にされている。しかも当時海上保安庁、長官付であつた奥三二氏という人が違憲よりも国際法の問題といって、この問題を産業経済に書いている。なおニューヨーク・タイムスにもやはりマッカーサーのその声明が、これは参戦とは言わないけれども、昭和二五年一〇月の作戦、これにはいわゆる掃海作業として日本の海上保安庁の掃海艇を利用したことが明らかにされている」「明らかにこれは朝鮮戦乱に対して、日本の掃海艇が出動している」「これは憲法違反であるとともに、国際上の大きな問題になって来る」として政府の見解を質した。これに対して岡崎外務大臣は、「青森その他日本海に流れる機雷があの方面から来るからあの方面を掃海したのだと言ったので、青森や北海道を掃海したのだと言っているのではない。そこでスキャップから命令があっても国際法なり、日本の憲法なりに違反するようなことは政府としてはしない。従っていくら何べん申し立てられても、あれは戦闘に従事したのではなくて、掃海に従事したのである」と答弁し、憲法違反との指摘を否定した。

第五章

海軍再建構想とY委員会

第一節　旧海軍軍人の海軍再建構想

終戦後の武装解除に伴って海軍は消滅した。終戦当日の八月一五日に米内光政海軍大臣は海軍省軍務局長の保科善四郎を大臣室に呼び入れて、新たな日本建設のために海軍の技術を活用することを申し渡すとともに、海軍伝統の美風を後進に伝え、将来における『海軍再建』を申し渡した。その詳細は保科善四郎が残したメモ（以下「保科メモ」という。）に克明に記されている[240]。

米内光政海軍大臣から海軍再建が託された後の昭和二〇（一九四五）年一二月一日、海軍省は海軍軍人の復員等を主管する第二復員省に改組されて海軍は解体された。第二復員省では、将来に備えて新しい海軍を計画するか否かについて時々議論されていた。ＧＨＱは許可しないだろうという否定的な意見と、占領終結を見越して何らかの計画を立てておくべきだという意見に二分された。研究の成果だとして再軍備案を持ち歩く者も出る中、ＧＨＱはそうした旧軍人の動きに厳しい目を光らせた[241]。こうした状況を受けて、復員省内では昭和二一（一九四六）年の初め、この問題について、「差し当たり、計画年度等にとらわれることなく、情勢の急変に常に即応し得るよう極く内々に第二復員局資料整理部を中心として、その研究を黙認することにしよう」という結論が出された[242]。

復員省は、昭和二一（一九四六）年六月の組織改正によって復員庁第二復員局となった。海軍省軍務局や軍令部作戦課に勤務した旧海軍のエリートたちは、復員に必要な人事情報に精通していたため、例外的にＧＨＱによる公職追放を免れ、第二復員局に引き続き勤務していた。米内光政海軍大臣から海軍再建を託された保科は、第二復員局資料整理部の部長であった吉田英三元大佐（保科軍務局長時の軍務局第二課長）や同総務課長の長沢浩元大佐（保科軍務局長時の軍務局第一課長）に対して、極秘裏に再軍備海軍計画案を研究作成するよう指示した[243]。吉田や第二復員局資料整理部の永石正孝元大佐（航空本部第七部第一課長）、寺井義守元中佐（軍令部第一部第一課員兼軍務局員）らは、ＧＨＱやアメリカ極東海軍の士官らが主催するパーティーに度々出席してアメリカ側と懇親を図るとともに、日本の再軍備に関するアメリカ側の意向を汲み取ろうとした[244]。パーティーには第二復員局総務部長の山本善雄元少将や長沢も時々姿を見せた。吉田らは職務上接していた情報と人脈を用いて、勤務時間外に秘密裏に各種規模の再軍備計画を作り上げていった[245]。

復員局の外でも多数の旧海軍士官たちが海軍のことに関心を持って、顧問となって様々な助言を与えた[246]。なかでも吉田総理とも親しい野村吉三郎元海軍大将は、海軍再建計画の先任顧問役を務め精神的支柱となった[247]。野村は海軍兵学校を卒業し、駐米武官などを経て、阿部内閣の外務大臣を務め、駐米大使として日米交渉にも当たり、アメリカ海軍の将官たちはもちろん、ルーズベルト大統領とも親交が厚かった[248]。海軍再建は、アメリカ海軍に多くの知己がいる野村をトップとし、保科は野村の補佐役となって構想が練られた[249]。野村は、吉田と検討した海軍再建の試案のいくつかをＧＨＱの海軍代表であったベアリー少将に説明した[250]。ベアリー少将は、その構想に大いに同意し、将来的に日本に海軍が必要になることに共感を示し、この他にもアメリカ海軍の作戦部長であったウィリアム・Ｈ・スタンレー提督など訪日した他の諸提督も海軍の必要性について共感を示した[251]。野村は、外交官の経歴もあり外務省に友人が多く、外務省出身で後に総理大臣となる芦田均や吉田茂、また鳩山一郎とも親しかった。芦田、吉田、鳩山とも日本が将来的に海軍を必要とすることについて意見が一致していたという[252]。また、アメリカ側にも極東海軍司令部司令官のジョーイ中将ほか、参謀長のオフステー少将や参謀副長のバーク少将といった海軍の再建に理解のある提督が存在した[253]。

再軍備について、保科は昭和二五（一九五〇）年の朝鮮戦争勃発に刺激されて元東大教授で法学博士の渡辺鉄蔵が公然と口火を切ったとする。渡辺博士の再軍備論の内容は、反共対策であり、北朝鮮軍の韓国への侵入に鑑み、日本への共産党の浸透作戦への対策と防衛対策について日本国民の注意を喚起することにあった[254]。渡辺博士は自身の研究所に防衛計画研究委員会を設置して再軍備計画を作成した。この研究委員会には、海軍から保科のほか元軍令部第一部長の福留中将が、陸軍から元参謀本部第一部長の稲田中将と元参謀本部部員の井本大佐が入った[255]。

昭和二六（一九五一）年一月一七日、保科は野村邸を訪ねた。当初アメリカ側は、海軍と空軍はアメリカ側で引き受け、陸軍だけ再建する方針を示していた。これに対し、保科は陸軍の独走を再び許すことになるとして陸海空の同時再建の必要性について、野村に進言するために野村邸に行ったのであった。保科の考えに野村も同意し、野村は自身の人脈を使って、鳩山一郎、石橋湛山等とダレス特使の会談をセットし、その場でダレス特使に申し入れることになった[256]。ダレス特使に申し入れる再軍備問題を検討するため、アメリカ海軍に最も信用のある野村を中心とする新海軍再建研究会が秘密裏に創設された。

同一月二二日、野村はアメリカ極東海軍司令部司令官のジョーイ中将を訪ねて海軍再建案について説明した。ジョーイ中将は、「アメリカ海軍は西太平洋の制海権を確保する方針であり立ち去る意思はない」「アメリカ海軍としては、日本の新海軍を横須賀に係留中のフリゲート艦を基幹とするコースト・ガードくらいの程度に考えている」と述べた。ジョーイ中将は、詳細な説明を新海軍再建案の策定者から求めることとし、参謀副長のバーク少将が説明を受けることが決まった。アメリカ極東海軍参謀副長であったバーク少将に対する新海軍再建計画説明会は、同一月二三日にアメリカ極東海軍司令部で保科を説明役として行われることとなった。バーク少将への説明前、保科ほか旧海軍のエリート達は、新海軍をコースト・ガードくらいの程度と考えているアメリカ海軍の考えを正そうと、「モラルの確立と希望を持たせるため、コースト・ガード強化のような案を採ることなく新たに一省を新設してこれに現存のコースト・ガード（海上保安庁）を吸収すること」等を決定した。

同一月二三日、保科はバーク少将に対して、海上兵力は、護衛空母四隻、潜水艦八隻、巡洋艦四隻、駆逐艦一三隻を含む二九万二〇〇〇トン（うち米国より供与一三万トン）が必要であると説明した[257]。終戦時に海軍再建を託した米内光政海軍大臣は、少なくとも日露戦争後に日本が持っていた海軍の艦艇三〇万トン程度を海軍再建の土台として考え、これが約三〇万トンの根拠になった[258]。また、保科がバーク少将に対して、「国防省を創設し、これに現存の海上保安庁及び警察予備隊を吸収する」という考えを説明したところ[259]、バーク少将もこの考えに賛同し、「沿岸警備、商船隊護衛等は新日本海軍自ら行うことが必要である」「漁業保護も考慮する必要がある」と述べ、旧海軍と同様に新たな海軍が海上保安庁が担当している海上警備を実施するべきであるとの考えを示した[260]。さらに保科が、「人事は再軍備上の最重点である」ことを述べたところバーク少将は、「海上にはよく訓練された士官が必要である理由を明記すべきである。このためには公職追放された海軍士官を復帰させる必要があることを文官にも解るようにする必要がある」と注意を与えた。またバーク少将は、「アメリカ海軍としては横須賀に係留中のフリゲート艦をなるべく早く引き渡すように海軍省に申し入れる」「弾薬や兵器等を日本側に引き渡すことができる」とも述べた。野村は、保科からのバーク少将への説明において、アメリカ海軍側が極めて好意的な態度を示したことから大成功であったと評した[261]。同一月二九日、保科がバーク少将に兵力配置図を添付した修正した新海軍再建案を提示したところ、バーク少将は"EXCELLENT AND PERFECT"と褒め称えた[262]。

しかし、同一月三一日、野村は、日本政府（吉田茂総理）は再軍備を考えていないこと、ダレス特使の随行員に海軍関係者がおらず、ダレス特使は陸軍の再建だけ考えていると判断した。このため、野村は新海軍再建案に自筆の手紙を付けてダレス特使に提出することとした。野村の自筆の手紙には、「国際情勢を気にするならばコースト・ガードに元海軍士官を入れ筋金を入れる」という内容も含まれていた[263]。旧海軍のエリート達は、海上保安庁の予備海軍的性格を踏まえ、商船学校出身の船員が多くを占めた同庁に元海軍士官を入れて強固な組織とする必要性を説いた。野村はこの自筆の手紙を新海軍再建案とともにダレス特使の秘書に手渡した。

同三月八日、吉田茂総理兼外務大臣は官邸でダレス特使と会談した。この会談においてダレス特使が陸上兵力のことを言い出したときに、吉田が再軍備よりも経済復興が先決であると言ったことからダレス特使は大きな不満を持ったが、その後、マッカーサー最高司令官を含めた三者会談においてマッカーサーが、「軍需工場の活用は大きな力になることから、これを十分に動かすようにすればよい」と発言して一応のケリがついた[264]。しかし、吉田総理は再軍備を否定したわけではなく、時機の問題と見ていると指摘したのは、吉田総理の再軍備の諮問機関の座長であった堀田正昭元イタリア大使であった。堀田は、「吉田総理は今は時機ではないが再軍備を望んでいる、立派な軍人を作るため海軍兵学校や陸軍士官学校を再建したいと考えており、現存の警察予備隊や海上保安隊は役に立たないと見ている」と述べた[265]。

同四月一八日、保科は新海軍再建に関する組織（ORGANIZATION）についてアメリカ極東海軍司令部に次のとおり回答した[266]。

・再軍備にあたっては、国防力と警察力について明確である（CLEAR CUT）ことが肝心である。しかし現在日本においては、国防省創設案、海上保安庁強化案、治安省創設案等が検討対象になっているが、外的防衛は陸海空軍が、国内治安維持は警察とコースト・ガードが、国連協力は陸海空軍が担当する。しかし、防衛力の主力は日本の地理的環境上、海軍と空軍であり、国連協力には陸軍が必要である。
・現実問題として、海上保安庁は平時の警察行動であって、戦時に備える任務はない。したがってモラルや訓練の点において海軍（NAVY）とはなり得ない。海上保安庁の根本的強化には制約があり、海上保安庁強化案を採用するべきではない。
・特に現在の保安庁の実情は逓信、商船、海軍の三本建てであるが、海軍は田村少将の掃海、渡辺大佐の海上警備に分かれ微妙な関係にある。
・治安省は海の国際性に鑑み障害がある。
・結局、世界共通の制度として国防省創設案を採用すべきである。

保科の回答を受けてバーク少将は、「コースト・ガードは、モラルや訓練の点においてすぐに海軍とはならない。このため海上保安庁とは別個に、高度な訓練計画、漁船や商船の保護、哨戒等を行う海軍部を創設するか、又はアメリカ極東海軍部内に合同機構（JOINT COMMISSION）を作り、そこで日米の専門家が合同して共同訓練や教育を行い、その名称は海上警察（SEA POLICE）としてはどうか」と見解を述べた[267]。バーク少将はこのように言った後、関係士官を召集し、すぐに海軍に転じることができる高いレベル（精神力を含む）の教育訓練を行うことができる組織を二週間以内に作ることを命じた[268]。軍隊的機能が否定された海上保安庁は、戦時に最も重要なモラル（士気）が足りないため、同庁を強化して海軍を再建することは不可能であり、別組織を創設する必要があると判断された。

この後、日本政府の関係者で話し合われ、明らかにされた主な点は次のとおりであった[269]。

（A）内閣総理大臣の直属下に軍隊的性格の機関を新設する。本機関を海上保安予備隊と呼称する。この場合には、

（一）憲法に抵触させないため、軍隊の名称は用いず、保有兵力は警備兵力とする。

（二）外国、少なくとも民主主義各国より公式に容認されたものにする。

（三）国民の多数決と議会の承認を得る。

（四）あくまで日本の自主独立のためのものであるとする。すなわち、本機構の編成、人事、管理、運営等は日本政府自らの意志に基づいて行うことが出来るようにする。

（五）復員軍人中の優秀な人材を一時的に利用できるようにする。

（六）本機関設立と同時に現海上保安庁及び第二復員局残務処理部を解散し、海上保安庁所属の航路啓開本部、警備救難部を本機関に吸収する。

（B）前項の機関が設立困難な場合又はその設立に長期間を要する場合には、海上保安庁内に船舶の護衛、哨戒、掃海及び漁船の保護等の業務を統轄する一外局を設置する。この場合には、

（一）新機構を一括して海上保安庁の外局として、管理・運用・経理等の一切を本庁より分離独立させ、極力従来の海上保安庁の有する指導精神と内部軋轢の根本的欠陥の侵入防止に努める。

（二）新機構には極力旧軍人中の統率と規律、訓練において海空各分野の体験者を配置し、一方で海上保安庁要員の横すべり的採用は特に優秀な者以外は避け、経験がない陸上勤務者による専断を排除する。

（三）本外局の制度、編成等は海上保安庁の現機構に拘泥することなく、全く別の理想案に制定し、出来る限り軍隊的性格を付与する。
（四）要員は階級的識別を明瞭にし、指揮命令系統を鮮明にする。
（五）海上保安庁法第二五条はこれを廃止又は修正するか、或いは本外局のみはこの条項の適用を受けないように改める。

注目すべきは、昭和二六（一九五一）年四月の時点で、海上保安庁の解体と警備救難部の軍隊的性格を持った新機関への移管、軍隊的機能を否定した海上保安庁法第二五条の廃止といった、後の海上公安局の設立において措置された事項が挙げられている点である。

バーク少将はこの日本政府の検討結果に大いに感銘を受け、同四月二一日に日本側の海軍再建原案をシャーマン・アメリカ海軍作戦部長の部下のサッチ少将に送付した[270]。同四月二八日、アメリカ極東海軍司令部において、保科はバーク少将と会談した。保科はバーク少将に対し、「野村はダレス特使の随行員のフィアレー氏と話せるが、彼らは陸上兵力のことしか考えていないとの印象を受けた」「コースト・ガードについて日本が考慮を払う必要があることを力説された」と述べたところ、バーク少将は次のように回答した[271]。

・ダレス特使は再軍備の細目には手が届いておらず再軍備の成案は出来ていない。講和条約の大綱について各国と話し合いをして再軍備の細目に取り掛かる段取りになると思う。
・ダレス特使の随行員のジョンソン氏と日本の再軍備について懇談した際、日本のような四面を海に囲まれた国はイギリスと同様に、NAVY AND SEA AIR FORCE は国防兵力として絶対に必要であることを力説したところ、別に反論もなく傾聴していた。

バーク少将は、四月上旬に作戦部長のシャーマン大将に提出したという海軍再建案を保科に見せた。バーク少将の海軍再建案はダレス特使に渡した新海軍再建案を骨子とし、

・海軍の再建は急いだとしても正式再建には数多くの問題がある
・現在の海上保安庁の強化のようなものもその性質上良き海軍の再建上障害がある
・韓国や中共等に拿捕される日本漁船の保護さえできない実情である

ということを踏まえたものであった[272]。バーク少将は海軍再建案の内容について、

・再軍備の正式決定時に直ちに海軍が発足できるよう海軍の基礎となる制度とする
・ソ連がいつ進攻してくるかもしれず、現在利用できる艦船を利用し、有能な元海軍軍人を召集して哨戒、攻撃、機雷敷設、船舶護衛等の任務に就かせる

という考えを説明した[273]。バーク少将は、組織（ORGANIZATION）については極東海軍部でも研究したが難しいため、野村の研究をそのまま作戦部長に送付したとし、海軍再建には数ヶ月を要すると説明するとともに、海軍の再建は米国の利益ともなり相互信頼の上に立てる良い海軍の再建を力説した意見を作戦部長に提出したとも述べた[274]。保科は、同八月三日にもアメリカ極東海軍司令部に赴き、参謀長のオフステー少

将と新海軍再建について意見交換を行い、オフステー少将の関心を高めた[275]。

同八月に旧海軍軍人側がまとめた「我国海上防衛力強化に関する研究」[276]においては、創設される海軍と海上保安庁警備救難関係について、「将来船舶を武装し治安維持に任ずる面から見ると外観において海軍と異なるところがなく､そのために財政的見地から海軍を創設すればその必要がないとの理由も一応成り立つ。しかし、両者の業務には関連する面はあるが、各その主体は異なる性格のもので各重要性を持っている。もし警備救難関係を海軍に併合しその担当とする時は、その負担は過大であってこれに力を注げば本来の海軍としての訓練整備に欠陥を生ずることとなり到底満足な成果を挙げることはできない。かつて旧海軍時代において実績が挙がらなかった所以もまたここにある。一方、警備救難業務の必要性は海軍の創設によって減少するものではなく、海上保安庁発足以来、短期間の実績に徴して見てもこのために要した国家経費に数倍する貴重財産の滅亡を防止しているが、全般的に見れば未だ微々たる成果に過ぎない状況にある。これに加え人命救助の業務は決して看過できないものである。他方、海上保安庁船艇は戦時又は国家非常時に海軍の予備隊として海軍業務の一部を分掌することとすれば国防的に見ても極めて有利であることは米国がその実例を示しているところである。元来海軍艦艇は高度の性能を必要とするものであるから、更改補充が比較的迅速である。この場合にその不要となったものを海上保安庁に移管し、その乗員を海軍予備員とすれば国家財政的にも国防的にも極めて有意義で一石二鳥の案ということが出来るであろう」という内容であった。また、同研究は、海上保安庁を非常事態においては国防大臣の指揮下に入れ、直接海軍の管制下に置く必要があると指摘するものでもあった。

同九月四日、サンフランシスコのオペラハウスで、日本と連合国側との戦争状態を終結させるための講和会議が開かれた。会議にはソ連やポーランドなど、共産圏の国々を含む五二か国が参加し、日本からは吉田総理が出席した。会議では戦後の領土問題や日本への賠償請求などについて話し合われ、朝鮮の独立、台湾や千島列島、南樺太などの権利の放棄、沖縄と小笠原諸島をアメリカの信託統治のもとに置くことなどが決まった。最終日の同九月八日、対日講和条約の調印式が行われ、日本はようやく主権を回復した。その日の午後には日米安全保障条約も調印された。

日本の再軍備の最大の障害の一つは、日本の非軍事化を規定した極東委員会（Far East Command：FEC）の諸決定であった。具体的には、「降伏後における対日基本方針」（一九四七年六月二〇日、FEC-014/9）、「日本の戦争遂行のための産業力の削減」（一九四七年八月一四日、FEC-084/21）、「日本における軍事活動の禁止および日本の兵器の廃止」（FEC-017/20）の三つのFEC決定であった[277]。これらの決定のため、軍需目的であっても民需用品目であれば問題ないが、NSC 13[278]にいう「警察力」の強化を超えた日本再軍備は禁止されているというのが米国務省の見解であった。また、FEC政治顧問や米国務省法律顧問の解釈でも、FEC-017/20にいう「他の小火器」とは、マシンガン・催涙ガス・ライフル・ピストル類を指すものとされ、それ以上の火器を警察力の強化にあてることはできないという判断であった[279]。このため、ダレスは警察力の「準軍事力」への転換と沿岸警備隊の武装は「現行のFEC決定のために」不可能だとの判断を示していた[280]。FEC決定により日本の再軍備は制約されたが、昭和二五（一九五〇）年六月に始まった朝鮮戦争では北朝鮮軍に中国人民志願軍が加担したことによって、アメリカを主体とした国連軍の優位は崩れ去り、トルーマン（Harry S. Truman）米大統領は同一一月の記者会見で原子爆弾の使用も示唆する状況に追い込まれた[281]。アメリカは共産主義の脅威に現実にさらされることになった。マーシャル

(George Catlett Marshall, Jr.）アメリカ国務長官は、日本がソ連に攻撃されるのではないかと非常に憂慮し、同一二月に統合参謀本部は日本の再軍備の必要があるとの見解を出した[282]。日本の再軍備と基地の確保は、ソ連との全面戦争の可能性が増大している折からも必要と考えられていた[283]。こうした状況の中、昭和二六（一九五一）年九月に日本が主権を回復したことによりＦＥＣ決定は無効となり、日本の再軍備が可能となったのであった[284]。

同一〇月二日、保科は、野村よりアメリカ極東海軍司令部司令官のジョーイ中将を訪ねた際、再軍備に対する吉田総理の腹は如何との質問を受けたという話を聞いた。このあと保科がオフステー少将を訪ねた際、オフステー少将は、「海軍再建の準備はできている。最高司令官のリッジウェイ大将から吉田総理に受入態勢、組織（ORGANIZATION）、人員（PERSONNEL）を決定するように要望するが、これを受け入れるか否かは吉田総理の決断にかかっている」と述べた。このため、野村から井口外務次官を通して吉田総理に内々に尋ねたところ「受け入れる」との返答を得たことから、同一〇月五日にオフステー少将に伝えた[285]。この内々の回答を受けて、対日講和条約の調印から約一ヶ月後の同一〇月初め、アメリカのトルーマン大統領は、ソ連から返還を受けて横須賀に係留中のフリゲート艦（PF）一八隻と大型上陸支援艇（LSSL）五〇隻を日本に提供することを決定した[286]。しかし、トルーマン大統領の指令には、これらの艦艇の受領者が誰であるか、すなわち新海軍か、新コースト・ガードか、あるいは現存の海上保安庁であるのか指定されていなかった[287]。

同一〇月一九日、マッカーサーに代わり新たにＧＨＱ最高司令官となったリッジウェイ大将は、吉田総理との会談で「日本が希望するならば一八隻のフリゲート艦（PF）と五〇隻の大型上陸支援艇（LSSL）の計六八隻を日本に貸与しよう」と正式に提案し、吉田総理はその場で「いただきましょう」と答えた[288]。リッジウェイ大将から、艦艇を貸与するにあたり、受入態勢を決めて欲しいとの要望があった。日本政府はこの貸与艦艇を受け入れる方針の下にこれらの艦艇を活用する機関を設置するため、文官二名と旧海軍軍人八名の準備委員会を海上保安庁内に設置することとした。

リッジウェイ大将と吉田総理との会談後、岡崎官房長官は山本善雄元海軍少将を呼んで、「首相は君に委員会の委員長を引き受けてもらうことを希望している」と話した[289]。山本は一旦返事を保留して野村元大将に相談しに行ったところ、野村はすべてを知っており、自分やその他の者が背後から援助するので委員長を引き受けるように山本を説得した。山本は、「スモール・ネイビー（小海軍）を作れと言うなら引き受けましょう。コースト・ガード（沿岸警備隊）なら、お断りします」と言って委員長の役を引き受けた[290]。

第二節　アメリカ海軍艦艇の供与とY委員会

昭和二六（一九五一）年一〇月二〇日、午前一一時、海上保安庁長官の柳沢米吉は、官房長官の岡崎勝男からの至急の呼出しを受けて出向くと、旧海軍の山本善雄元海軍少将も来ており、二人に対して、「米軍よりフリゲート艦一八隻、上陸用舟艇五〇隻の譲り渡しがあるので、受入体制を確立せよ」との指示がなされた[291]。岡崎官房長官は、「日本側としてその受け入れ態勢を整えるようとのことで、リッジウェイ大将は一〇名位を選定する必要があるだろうとのこと。そこで旧海軍と海上保安庁から一〇名として、海上保安庁から差し当たり二名、旧海軍から一〇ないし一二名位を選定されたい」と指示した[292]。岡崎官房長官は、リッジウェイ大将の意向だとして海上保安庁からは「文官」を、旧海軍側からは「少将か中将クラス」を選ぶように示唆した[293]。

岡崎官房長官の指示を踏まえ、旧海軍側からは山本善雄元海軍少将を委員長として、秋重実恵元海軍少将（在野）、初見盈五郎元海軍主計大佐（第二復員局部長）、永井太郎元海軍大佐（在野）、長沢浩元海軍大佐（第二復員局庶務課長）、吉田英三元海軍大佐（第二復員局資料課長）、森下陸一元海軍大佐（第二復員局復員業務課長）、寺井義守元海軍中佐（第二復員局資料課職員）の計八名、海上保安庁側からは柳沢米吉海上保安庁長官と三田一也警備救難監の二名の合計一〇名の委員会が発足した[294]。この委員会では、アメリカからの貸与艦艇の受入、使用機関の組織、編成及び人員の採用、教育、訓練、所要諸施設、需品等について研究調査と準備に当たることになった。委員会の名称は「Y委員会」と呼ばれた[295]。Y委員会は内閣直属の秘密組織で外部には一切漏らさないことになっていた[296]。

保科は、この約半年前の同四月一八日、アメリカ極東海軍司令部のバーク少将に海軍再建の三案を説明して意見を求めていた。保科が示した第一案は小規模な海軍を作るというもので、第二案は海上保安庁の拡充案、そして第三案は経費、政策、指揮はすべてアメリカが負担し、日本側は人員だけを提供するというものであった[297]。海軍再建グループは、先の海軍再建の三案をもとに、さらに検討を重ねた結果、「船舶の護衛、哨戒、掃海および漁船の保護等の業務を計画し、かつ実施する為の機構、制度に関する研究」（第二次特殊研究資料）をまとめた。この新機構にかかる構想は、事実上「傭兵」に等しい第三案を外し、第一案として「内閣総理大臣の直属下に軍隊的性格並びに組織を有する一機関を新設する」、第二案として「海上保安庁内に船舶の護衛、哨戒、掃海および漁船の保護等の業務を統轄する一外局を設置する」というものであった。目を引くのは、新機構の運用、管理、経理は完全に本庁と独立させ、しかも旧海軍出身者が主導権を握ろうとしていた点であった。旧海軍軍人側の海上保安庁に対する考えは、「極力従来の海上保安庁の有する指導精神並びに内部的軋轢の根本的欠陥の侵入防止に努める」「新機構には極力旧軍人中の統率と規律、訓練とにおいて海空各分野の体験者を配員し、他方、旧海上保安庁要員の横すべり的採用は、特に優秀な者以外はこれを避け」といったものであった[298]。

Y委員会の委員長となる山本善雄元海軍少将は、吉田総理が講和会議に赴く直前の同八月二六日、岡崎官房長官の依頼により「海軍創設について」と題する意見書を提出していた[299]。この中で山本は、「現下の国際情勢並びに機微な国内態勢に鑑み、現実問題として海上保安庁を強化充実するという方策を過渡的に採用することはやむを得ないが、近い将来に正規の海軍へ移行できるよう準備を整えておく必要がある」「現在の海上保安庁の性格をアメリカのコースト・ガードと同様に改める（やむを得なければ長官の下に海上保安予備隊を創設し、軍隊に適する指揮運営が可能になるようにする）」と提言した。そして、海上保安庁の強化については、正規の海軍創設に至るまでの過渡期においては暫定措置としてこれによる他はないとした。海上保安庁については、業務を拡充して、アメリカのコースト・ガードと同様に海軍兵力の一部たる性格を賦与し、一旦緩急の場合、国防の重責を果たすことが出来るようにする必要があるというものだった。

また、Y委員会の委員でもあった寺井義守元海軍中佐は、後に読売新聞戦後史班の取材に対して、「海の場合は、陸軍のように員数を集めて鉄砲を持たせれば一応そろうというわけにはいかない。港が要る、船が要る、岸壁が要る、倉庫が要る、というわけで簡単に出来るものではない。ここは海上保安庁におんぶしてつくるより他ないというのが結論だった。しかし、海上保安庁と新設される機構とは一体のものであってはならない。時期が来たら、いつでも二つが切り離せるようなシステムにしておかなければならない。この考え方は、アメリカ軍、特にアメリカ極東海軍からの要望でもあった。海上保安庁にひさしを借りるのだから、こんなこと大きな声では言えない。しかし旧海軍の人間としては、そういう気持ちだった」と述べている[300]。アメリカ極東海軍も海上保安庁内に独立性の高い新機構を一時的に作るべきだという考えであった。

エリート職業軍人であった旧海軍軍人側は、当時の国際情勢や国内政治上の配慮から、海軍再建のために海上保安庁を一時的に利用することを考えていた。しかし、運輸省の文官や商船学校出身者等で急遽つくられた海上保安庁の能力や規律には根深い不信感を抱いていた。山本が提言した内容の中で、特に重要なものは、海上保安庁をアメリカのコースト・ガードと同様の準軍隊（Paramilitary）に変えて、海軍兵力の一部としようとした点である。当然、海上保安庁法第二五条の軍隊的機能を否定する条項は廃止する必要があるが、山本はＹ委員会の設立前にこうした考えを吉田総理やアメリカ極東海軍と共有していた。

また、山本は、「海軍を作るのでなければ委員長はやらないと官房長官に対して一旦断ったが、スモール・ネイビーでもいいとなったので承知した」「そういう状況であったので、最初は海上保安庁のブランチ（外局）のようにして作れということになった。しかし、これはやがて海上保安庁がこの新しく出来るもののブランチになるのだから、それまではよかろうという、こちらの腹でいた」とも述べており[301]、Ｙ委員会での検討以前から、旧海軍軍人側は、後の海上公安局の設立構想を念頭に置いていたことになる。山本は、最終的な組織形態として海上保安庁の海軍組織内での外局化を考えていた。これは海上公安局法の制定にあたって反映されることになる。

一方、海上保安庁側も旧海軍軍人側に不信感を抱いていた。海上保安庁は、同一〇月二〇日に岡崎官房長官に呼ばれて初めてアメリカからの艦艇の貸与を知り、事前に何も知らされず完全に蚊帳の外に置かれていた。しかも、アメリカからのフリゲート艦等の貸与が海軍再建を目指して旧海軍軍人が奔走した結果であることも知らされなかった。海上保安庁は、当時の国際情勢や憲法九条の下での国内政治的な理由により海軍再建構想に組み込まれたに過ぎなかった。

海上保安庁長官であった柳沢米吉は、「旧海軍の人々は異状の熱心さで実現に努力し、旧海軍の復活と人員の採用を決心していたようである」「私は、別に日本を守るための防衛力は必要であるが、旧海軍の復活的な考え方には断固反対した」「人間にしても国民から公平に選び、海軍の復活的な印象を与えないようにすることを主張した」という[302]。また、海上保安庁側のY委員会の委員となる警備救難監であった三田一也（元予備将校）も、読売新聞戦後史班の取材に対して、「私は郵船育ちの船乗りだったが、戦争中は海軍の軍令部で商船の護衛司令の仕事をやり、終戦時には海軍中佐。女房のおやじが海軍中将の上田良武、仲人が山梨勝之進大将だったが私自身は海軍が大嫌いでね」と発言している[303]。戦時中は海軍徴用船として船員ごと戦地に動員された船舶も数多く、十分な護衛もない中で潜水艦が潜む危険な海域での任務を担わされ、六万人余りの船員が命を落とした。終戦後、船員行政を所管する運輸省側が旧海軍軍人側に良い印象を持っていなかったことは想像に難くない。このように海上保安庁のトップである長官の柳沢は海軍復活に断固反対し、ナンバーツーの警備救難監の三田は海軍を非常に嫌っていた。

海上保安庁側は、Y委員会はアメリカから貸与されるフリゲート艦と大型上陸用舟艇の受入れとそれに伴う定員増加が目的であって、いずれは海上自衛力の増強の問題が出るようになることは考えられるが、差し当たりは海上保安庁の強化でなければならないという考えであった[304]。

Y委員会は、海上保安庁を一時的に利用して海軍再建を目指す旧海軍軍人側と、海軍復活を許さず海上保安庁の強化拡充を目指す海上保安庁側という、根本的な考えが異なる二者が集まって議論するという構図となった。海上保安庁長官の柳沢が感じたのは、「旧海軍の首脳部の人たちはアメリカ海軍の首脳部と相当詳細にわたり話し合った結果、旧海軍の復活を計っていたようでもあった」ということだった[305]。柳沢は旧海軍側がスモール・ネイビーを作ろうと考えていたようであるとも感じていた[306]。柳沢が感じたことはまさにそのとおりだった。山本はスモール・ネイビーを作るならばという条件で委員長を引き受けていたし、アメリカ海軍も海軍の創設が必要と考えていた。

アメリカ海軍は、対日講和条約の批准を目前にして、沿岸警備隊から海軍へと発展させるための準備を始めていた。フェチトラー・アメリカ海軍作戦部長は、沿岸警備隊ではなく日本防衛海軍（Japanese defensive naval force）であることを明白にすべきとの考えを持っていた。これに刺激を受けた米軍統合参謀本部は、国防長官に対して、共産側からの対日攻撃が生じる危険を指摘するとともに、憲法が改正され、沿岸警備部隊が海軍になるとの見通しを同一二月一二日付メモという形で提出した[307]。

このように旧海軍軍人側とアメリカ海軍側は、海軍再建について完全に意見が一致していた。アメリカ海軍側は、米ソ対立・東西冷戦の深刻化を受けて、共産側からの対日攻撃を憂慮していた。一方、海上保安庁側は、軍隊的機能を否定されていたことで、密輸密航などの海上保安業務に関する勢力拡充を図ろうとした。この全く立場と考えが異なる二者の会合が円滑に進むはずもなかった。Y委員会は、同一〇月三一日から翌年四月二五日までの計二九回開催され、相互不信の下で意見が度々対立する中、議論が積み重ねられた。議長は山本と柳沢が交互に務めた。

第一回Y委員会は、同一〇月三一日に開催され、議題は「Y委員会設置要綱」であった[308]。同要綱の第一項（目的、任務）では「米軍より供与を受けた兵器、需品、艦艇等を受領し、保管整備すると共に、此等の全能発揮に適するごとく要員を募集し、給与し、かつ練成するための制度方式を立案計画し、併せてこれが実現を督促する」と規定された。第二項（所管）では「委員会は内閣に直属する」「委員会に特に事務局を置かない。海上保安庁と第二復員局残務処理部とが密接に連絡協議の上委員会事務を分担掌理する」と規定された。そして附則において「本委員会の名称を機密保持上Y委員会と呼称する」とされた。第一回Y委員会は「Y委員会設置要綱」の提案説明だけで、事前に了承された内容であったことから特段の議論は交わされなかった。また、この日、柳沢はY委員会における数的劣勢を少しでも挽回すべく、山崎小五郎海上保安庁次長を臨時委員として入れることを申し出て了承された。のちに柳沢は「海上保安庁長官の自分が中心となってやっているのに、旧海軍軍人側の議事録では名簿の順が山本、柳沢となっている」「議論の内容もシャッポ[309]はすべて旧海軍でなければならないというような発言がどんどん出て来る」と述懐した[310]。第二回以降のY委員会のやり取りを見れば、委員会の雰囲気はたしかに柳沢が言ったとおりである。

第二回Y委員会は、同一一月二日に開催され、第一議題は第一回に続いて「Y委員会設置要綱」で必要経費等について話し合われた。この日の第二議題は「Y委員会運営内規」で第二復員局資料課長の吉田英三元海軍大佐が説明した[311]。同運営内規の第一二項においては、「日米安全保障条約に基づいて日本の安全は米国の軍隊と日本の自衛力の協同によって確保されるのであるが、日本の自衛力は未だ甚だ貧弱である」「日本の自衛力増強のために米国は物の供給面で日本を援助しなければならない」「今回の措置はこれによって物的面において海上自衛力の増強に資せんとするものであって日米両国の目的が合致している」とし、アメリカ海軍からの貸与艦艇は海上保安庁の能力拡充のためではなく、あくまでも日本の海上自衛力の増強のために貸与されるものであることを明記した。また、「海上保安庁はもともと純然たる平和的任務を持っているのであって軍隊であってはならないが、非常事態発生の場合にはいわゆる戦時任務をも果たさなければばならないことはやむを得ない」「故に今回の艦艇も同様に使用することにより幾分の自衛力のプラスにはなるが、戦時の敵対行為を有効適切に実行するためには特別な訓練が必要であり、現在の海上保安庁が実施している平時業務に対する教育訓練とは大いに趣を異にしなければならない」「最も高能率な自衛力を増強するためにはこれらの艦艇を海上保安庁の常務に使用することは間違いであり、専ら非常時向きに準備することが、その趣旨に沿うものと信ずる」とも書かれ、アメリカ海軍からの貸与艦艇は海上保安業務には使用せずに戦時に備えた教育訓練を行うべきであるとした。さらに、海上保安庁とは別の新たな機構を作ることは海軍を組織することになり、内外の現状から許されないとして、「海上保安庁の一部隊として海上保安予備隊を編成し」「専ら非常事態に備えてこれに適する教育訓練を行い、特に必要な場合には海上保安業務を支援する」こととし、「海上保安予備隊の部隊を運営するための陸上機構は別個に保安庁長官に隷属する機構」とするとも明記された。そして、この陸上機構については、「内外の情勢が許せば」「海上保安庁から分離し独立機構へ移行するものであるから発足の当初より極力自主性を附与」するとも明記された。

そして、この日の第三議題は、第二復員局部長の初見元海軍主計大佐が提案した「新機構の組織編成」であった。第二復員局庶務課長の長沢元海軍大佐は、新機構の組織編成の提案理由を説明する中で、特に考慮する事項として『海軍の母体であること』を挙げた[312]。これに海上保安庁側は反発した。もともと海上保安庁長官の柳沢は海軍復活に断固反対していたし、警備救難監の三田も海軍を毛嫌いしていた。海上保安庁側はあくまで海上保安庁の強化拡充を考えていた。こうした中で話し合いがスムーズに進むわけはなかった。海上保安庁次長の山崎は、「海上保安予備隊の必要はあるのか」「各支部長の指揮下に置けばよいではないか」と反論した。そして山崎は「海上保安予備隊設置要綱」[313]の説明を申し出た。海上保安庁で研究したものとして、「海上保安庁の沿岸警備能力を補うための実施機関として海上保安庁に海上保安予備隊を置く」とした。予備隊の職員は「司法警察職員としない」としており、密輸や密航などの海上犯罪の取締りに直接当たらせる考えはなかったようであるが、海上保安庁の現場勢力を強化拡充するものになっており、旧海軍軍人側の考えとは全く異なるものであった。海上保安庁長官の柳沢は、「沿岸警備力増強のための新機構であるが、国民に対し軍の再建という不安を与えない考慮が必要である」と発言し、海軍再建を真っ向から否定して牽制したが、吉田英三元海軍大佐は、「海軍を作ろうというのに文官が長官ではあり得ない」と発言するなど、旧海軍軍人側はアメリカ極東海軍の後押しもある中、海上保安庁の意見に耳を貸す姿勢を見せなかった。旧海軍軍人側は、同設置要綱の第一項（設置）の「海上保安庁の沿岸警備能力を補うための実施機関として海上保安庁に海上保安予備隊を置く」の中の「の実施機関として」を削り、さらに第四項（予備隊の管理）の「予備隊は実施部隊とし、その管理に関する主要な事務は、海上保安庁総務部および船舶技術部の関係各課において掌る」という箇所の全文削除を求めた[314]。旧海軍軍人側の海上保安予備隊は、日本の再軍備を警戒する諸外国やこれに賛同する国内左派勢力の批判をかわすため、やむを得ず一時的に海上保安庁の一機関として発足させようとするものであった。非常時にはその能力を海上保安業務に活用することもあるが、基本的には戦時に備えた機関として考えていた。海上保安庁の沿岸警備能力を補うための実施機関として恒久的に設置するという認識は毛頭無かったのである。旧海軍軍人側は、アメリカ極東海軍と入念に打ち合わせた上で、情勢が許せば直ちに海上保安庁から独立できるような組織形態とすることを目指して、海上保安庁が提案した「海上保安予備隊設置要綱」の骨抜きを図ろうとした。

第三回Y委員会は、同一一月六日に開催され、第一議題は「貸与船艇の使用について」であり、文案の「海上自衛力」を「沿岸警備力」に改めるよう三田海上保安庁警備救難監が意見を述べた。第二議題は「Y委員会中間報告」で、海上保安庁長官の柳沢が「非常時任務とは何か。現在の海上保安庁でも護衛、掃海まではできる」と述べ、その上で「海上保安庁側意見として新機構は海上保安庁の在来機構と渾然一体とする希望が強い」と発言した[315]。この日の委員会では、前回の委員会で海上保安庁が提案した「海上保安予備隊設置要綱」が諮られ、旧海軍軍人側が意見を述べたとおりの修正が行われた。また、旧海軍軍人側は海上保安予備隊地方監部を海上保安庁の地方組織とは関係なく、旧海軍の鎮守府や警備府があった、横須賀、呉、佐世保、舞鶴、大湊に置く案を示した。第四回Y委員会以降は、要員の養成、施設、教育訓練計画、組織編成、人事、予算、服制など議論は広範囲に及んだ。

旧海軍軍人側がアメリカ極東海軍と緊密な連携を図ったように、海上保安庁側もミールス大佐の後任のマックガン大佐に相談していた。米コースト・ガードのマックガン大佐は新機構について、アメリカ海軍とは違った考えであったようで、組織や制度もコースト・ガードのラインで作るという文書を持っており、その文書を旧海軍軍人側には見せずに海上保安庁側にだけ見せていた[316]。新機構についてのアメリカ極東海軍と米コースト・ガードの考え方の違いも旧海軍軍人側と海上保安庁側の対立の一因であった。Y委員会では、新機構が米コースト・ガードのレベルにとどまるのか、それとも海軍化するのかについて激論が続いた。当初から柳沢ら海上保安庁側は、新機構を米コースト・ガードの枠組みにとどめるように旧海軍軍人側を牽制した。同一二月六日の第九回Y委員会では、柳沢が、旧海軍軍人側が提出した教育科目選定案について、新機構がアメリカ海軍と共同作戦するようなことがないように、「将来Y機構部隊がアメリカ海軍部隊と緊密な共同動作を採るべきものと予想し之が円滑な遂行に支障がない様凡て」という箇所の削除を求めた[317]。続いて三田が「米のコースト・ガードの線迄の教育に止めるということを述べる必要あり」と主張し、柳沢は

「法制上も海軍化には憲法改正が必要」と強調した[318]。

海軍化について、岡崎官房長官は政治的に難しいと判断していた。昭和二七（一九五二）年一月七日付の山本の日記によれば、同日の会談で、岡崎官房長官は急な展開で「制度は出来ない」と述べ、その理由として「参議院（通過）に自信がない」ことと、立法化が難しいことを挙げたという[319]。当時、衆議院では与党の自由党が過半数を占めていたが、参議院では過半数に届いていなかった。同一月一五日付の『朝日新聞』は「Y機構案」として「海上予備隊」が「沿岸警備隊（コースト・ガード）の行き方」を目指すと報道した。同二月四日の日米合同委員会で新機構の名称について、アメリカ極東海軍側から「海上保安予備隊は不可。ぜひともCoast Security Forceとせよ」との意見があったが、海上警備隊（Maritime Safety Security Force）とすることに決定された[320]。

Y委員会は、海上警備隊発足前日の昭和二七（一九五二）年四月二五日の第二九回をもって終了した[321]。Y委員会における議論のペースは完全に旧海軍軍人側が握っていた。柳沢が海上保安庁次長の山崎を臨時委員として押し込んだことで海上保安庁側は一人増えたが、Y委員会について柳沢は、「旧軍人を表面に立てたら国民は承知するはずがないと思っていたが、八対三ではなかなか難しかった」と後に吐露している[322]。

しかし、旧海軍軍人側の意向がすべて反映されたかというとそうではなかった。海軍化を図ることについて、旧海軍軍人側とアメリカ極東海軍の考えは一致していたが、アメリカ国防総省は通常のコースト・ガードの線に沿った機構の創設を考えていた[323]。アメリカ国防総省は新機構を「日本海軍復活の中核」の基礎をなすものではないとし、アメリカ極東海軍が目指した海軍化は念頭になかった。アメリカの基本的軍事戦略が、アメリカは空海兵力を提供し、地上兵力を現地国が提供するものであったことからも当然であった[324]。アメリカ国務省も同様で、アメリカ全体の意向はコースト・ガードとしての新機構創設で変わらなかったのである[325]。山本ら旧海軍軍人側はアメリカ極東海軍の独断に引きずられていたと言える[326]。むしろ自らの意見がアメリカ国務省とダレスの意見と一致していると示唆した柳沢の方が正しかった[327]。アメリカ国内の意見の違いやアメリカ極東海軍の独断は、共産主義ソ連の直接的軍事行動を含む脅威の評価に起因し、アメリカ極東海軍の方がより深刻に問題を憂慮していたからであろう。

第三節　海上警備隊の創設

海上警備隊の創設については、政府が発表した海上保安庁法の一部を改正する法律案要綱が昭和二七（一九五二）年二月二〇日の新聞に掲載され、国民が知ることとなった。同要綱では海上警備隊関係として、「海上における人命財産の保護又は治安の維持のため緊急の必要がある場合に行動をするため海上警備隊を設ける」「海上警備隊の隊員の定員は六〇三八人とし、特別職とする」「海上警備隊に海上警備官を置く」「隊員の人事に関する任命権者は海上保安庁長官とする」「隊員の欠格条項を定め、隊員の免職、休職、降級に関する規定を設ける」「隊員の任用又は叙給は試験又は選考による」「海上警備官に海上保安官に準じ、立入検査権、武器の携帯使用を認める」「海上警備官の司法警察権は、部内秩序維持のための司法警察権と刑事訴訟法第二一〇条の緊急逮捕の権限の二種とする」「海上警備隊の船舶に船舶安全法及び船舶職員法の適用を除外する」ことなどが含まれていた[328]。

同要綱の新聞報道を受けて、日本社会党の内村清次は、海上警備隊は直接侵略に対する増強ではないかと早速問題視した[329]。同改正法律案は同三月四日に閣議に諮られ、その後、国会に提出された。

日本社会党の吉田法晴は、昭和二七（一九五二）年三月六日の参議院予算委員会において、警察予備隊や海上保安隊の増強という名目で再軍備が進められ、第九条の違反が事実上なされていると質した。吉田茂総理は、「外国軍が侵入した場合に対するために警察予備隊が多少の装備を持つことは当然であるが、飛行機一機もないような警察予備隊が、或いは軍艦一隻もないような海上保安隊がこれを戦力と言えるか、私は戦力と言えないと思う。故に現在の装備が戦力になると言って憲法違反と言うことは私は誇張した議論であると考える」と答弁した。吉田は十分な装備もなく憲法上戦力というべきものはないとして憲法上の問題はないとした。しかし、この後も日本社会党は憲法上の問題を取り上げた。同じく日本社会党の山田節男は、同三月一一日の参議院予算委員会で、「海上保安隊と警察予備隊とを統合して国防省的なものをつくり、これを総理大臣が指揮することは憲法上許されない。憲法第九条において非常な矛盾が起る」として吉田総理の見解を質した。吉田総理は、「非常事態の場合にはそれぞれ機関があって、機関に諮って非常宣言などの措置をとるが、総理大臣の私が統帥権の中心であるとは書かれておらず、単なる警察予備隊の指揮官ということが書いてあるだけであり、私が莫大な権限を振り廻そうという考えは毛頭持っていない」と答弁した。

改進党の平川篤雄は、同三月一一日の衆議院本会議において、「一〇月には警察予備隊が廃止となって保安隊となり、新たに省が設けられて大臣が置かれるが、現在の予備隊と何ら性格に違いがないと言うのであれば、海上保安隊も村上運輸大臣の管轄下に置かれるべきであり、何のために機構を改めて、名称を変えるのか、警察から軍に性格が移行することを暗示しているものと考えざるを得ない」として木村篤太郎担当大臣の見解を質した。木村大臣は、「総理はしばしば、再軍備はしないということを明言している。昨日の参議院予算委員会において、総理はたとえ自衛のためであっても、戦力を持つことは再軍備であるから、この場合には憲法の改正を要すると断言された」「従って、自衛のためでも憲法第九条第二項の戦力を保持することはやらない。戦争を遂行するには有効かつ適切な装備と編成を持たなければならないが、現在の警察予備隊は戦力に相当する編成と装備は断じて持っていない」「警察予備隊は警察の補助である。外国の干渉や教唆によって内地に動乱が起った場合を予想して、これに対抗すべき一つの機構として警察予備隊を設けたのである。従って、これの有する装備と編成その他は、決して戦力という程度に至らないものである。警察予備隊は、どこまでも国内の治安確保のために設けられたものであり、外国との戦争のために設けたものでないということは明瞭で、決して憲法第九条第二項の戦力に該当しないということを断言し得る」と答弁した。続いて答弁に立った大橋武夫大臣も、「警察予備隊は、日本の平和と秩序を維持することを唯一の使命として警察力の補完を目的としている。非常事態といえども国内治安確保のために適切なる任務を担当するだけであり、予備隊は、断じて戦力、すなわちウォー・ポテンシャルではない」と答弁した。

日本社会党は憲法上の問題を引き続き追求した。同党の吉田法晴は、同三月二四日の参議院予算委員会昭和二七年度予算と憲法に関する小委員会において、「海上警備隊の任務として集団的な密入国や漁業の妨害に対して、相手方が武器を持っている場合に三インチの大砲は使わないという前提なのかどうか」を質した。大橋大臣は、「装備した武器は、何らかの目的のために使用することを前提としており、例えば密入国者を乗せていると認められるような船舶や密漁していると認められるような船舶と海上で出会った場合に臨検のために停船を命ずる、その際に信号によって停船しない場合には威嚇射撃をするということもあり得る」と答弁した。吉田はさらに、「威嚇射撃にとどまらず、撃ち合い、あるいは局地的な戦闘となる問題が起る可能性は否定できない」として大橋大臣の見解を質した。大橋大臣は、「もともと海上警備隊は戦力を持っていないので、戦闘行為という表現が果して適当かどうかは非常に研究の余地があると思うが、こちらの威嚇射撃に対して相手方が抵抗のために射撃をして来るという場合には、こちらも正当防衛として任務遂行のため必要ならば射撃をする場合も十分に考え得る」「こちら側の船舶と、国籍不明の海賊と推定されるような船舶とが事実上海上において小口径の火砲で撃ち合いをする状態は理論上考え得るが、海上警備隊としては正当防衛として必要に応じて出る行為であり、戦闘行為という表現は余り適当ではなく、国際公法の戦争法規の適用を受けるような性質のものではない」と答弁したが、吉田はさらに海上警備隊が外敵と撃ち合いの状態になることが起こり得るとして政府の見解を求めた。大橋大臣は、「多数の海賊船の一団に対して警備上必要な措置を命じたが従わなかったので威嚇射撃したところ、これに対して向うが実力を行使して来た場合に、こちらも火器を使用するということはあり得る。これは急迫不正の侵害に対する当方の正当防衛の行為であり、それ自体は国際紛争解決の手段というような性質の行動ではない」「実力によって相手国の意思を抑圧して、当方の意思に従わしめることが国際紛争の解決手段としての武力の行使の意味だと思うが、この場合の海上における双方の船舶同士の小口径の大砲を撃ち合うことは、国際紛争解決の方法としてなされたものではなく、偶然の機会により、海上警備隊の船舶によって海上において正当防衛権が行使されたということなのである」「海上における偶発的な撃ち合いということは、これは法規的に見れば一つの正当防衛の方法であると考えているが、武力を持っている相手国に対してこの種の実際上の出来事が海上において起るということは、それが国際紛争になり、相手国の武力の行使を誘発する非常に危険な行動であることから、そういう場合における海上警備隊の活動は細心の注意を要する」と答弁した。吉田は、「自衛のために武器を使うことになる場合に、その武器が「その他の戦力」といわれる戦力の要素として働いているのではないか」と質した。これに対して法制局長の奥野健一は、「憲法第九条二項の戦力というのは、要するに戦争をなし得る実力、即ち戦争をなし得る実力を構成する人的或いは物的の要素であり、現在の警察力あるいは海上保安隊の持つものが若しこの戦力に該当しないものということを前提にすれば、そういう実力を国内治安の上に行使するということは、戦力を持っていないのであり、戦力の保持を禁止するという第二項には抵触しないものであろうと思う」「そういう戦力以下の実力であっても、国際紛争の解決の手段としてその実力を振うことは、憲法第九条第一項の禁止するところであろうと思うが、例えば警察官が国内において、外国人の集団等と問題になった場合に、警察官としての職務を執行したというようなことと大体似ているのではないか。それは警察力の範囲内の実力の行使であろうかと考えている」と答弁し、憲法違反でないとした。

政府は、装備する武器と憲法上保有することが禁じられている戦力との関係についてどのような見解を示したのであろうか。奥野健一法制局長は、同二月二四日の参議院予算委員会昭和二七年度予算と憲法に関する小委員会において、憲法第九条との関係について見解を質され、「予備隊あるいは海上保安隊について、それが戦争をなし得る力となり得るというふうに客観的に判断されれば、やはり戦力ということになるのではないか」と答弁し憲法第九条についての法解釈を示した。

緑風会の岡本愛祐は、同三月二四日の参議院予算委員会昭和二七年度予算と憲法に関する小委員会において、「従来の海上保安庁の保安隊がやっていた警備救難関係事務のうちの警備事務と、今度の六千人の増員によってできる警備隊の警備事務との相違と海上警備隊の出動を要するときと考えられる例」を質した。これに対し大橋大臣は、「この二つの仕事は、本来の性格としては同じ警備事務であるが、使用の船舶、装備等において違いがあり、特別の必要のある場合においてのみ海上警備隊を出動させることにしたい」「警察予備隊は、普通の警察の補助的な役割を持って特別の必要のある場合に出動することになっており、その出動に際しては内閣総理大臣の命令によって行動することになっているが、海上警備隊も使用船舶の性質、装備の性質等から見て運営上便宜であり、又適切であるので、実際上の必要から警察予備隊と同様としたい」「密入国とか、漁業に対する妨害的な行動に対する取締りや漁船の保護といったものが警備であるが、特に相手方が多数集合している場合、あるいは特に武器を装備している場合においては、一般警備救難に使用する船舶ではこれに対するに十分なる能力がないので、特にそういう場合においては、新しい海上警備隊所属の船舶の行動で対処したい」と答弁した。この大橋大臣の答弁に対し、岡本は、「大集団の密入国に出動する予防的な強力な力が海上警備隊だということになると、それは戦力に近付くのではないか」と大橋大臣の見解を質した。大橋大臣は、「海上警備隊は、海上警備の必要上設けたいと考えており、装備、船舶の種類等についても、海上警備に必要な範囲のものに限定をするつもりで戦力となることはない」と答弁した。この答弁に対して岡本は、「外国から大勢が密入国して来るということは日本に侵略して来るともとれるのであり、それに対処するための海上警備隊であるとすれば、それは日本への侵略を防ぐための自衛であって治安の維持ではないのではないか」と質すとともに、戦力の限界について再度大橋大臣の見解を質した。大橋大臣は、「諸国の例を見ると、相当大規模な内乱というような状況になると、必ず海外からこれに対して応援をすることもあり、このような場合には、これを防止する主たる行動力となるものは、駐留軍、即ちアメリカの海軍部隊なり航空部隊であるが、その際において海上警備隊としても、なお必要な警備上の仕事はあろうかと思っている」「このような海外からの大規模な侵入を直接目標としてこの警備隊を作るわけではないが、現在までの経験に照らし、海上保安庁で行っている海上警備の任務を完全に果すためには、船舶の種類や装備等についても、特別のものを備えることが警備上どうしても必要であると考えて、直接にはそれを目的としてこの新しい海上警備隊を組織するわけである」と答弁した。そして、その装備について大橋大臣は、「海上警備隊の装備として考えている船舶は、米国から近く貸与されることになっている約六〇隻で、約二千トン級を一〇隻、二百五十トン級を五〇隻であるが、これらは極めて小口径の火砲を持っておる程度であり、このほかに小型の航空機一〇機の予算をお願いしているが偵察用で武器の装備をしておらず、これらの程度のものは、いずれも戦力には当らないものと確信をしている」「戦力になる境というものは憲法上の一つの法律問題であるが、絶えず戦力に近付けるような方向に向ってこの海上警備隊を無制限に拡充をすることは考えていない。現状は不十分であるから、海上警備隊の任務として必要な範囲にまで装備を拡充するが、その限度は、一つには警備隊の任務から来るところの必要の限度というものが、この拡充の一つの限界になる」「装備の拡充が海上警備隊の任務から必要であっても、憲法第九条第二項による限界がある。したがって、たとえ海上警備隊として必要であるとしても、それが非常に高度の武装をするということになると、戦力の段階に入る危険がある」「しかし、これは理論上の見解であり、実際上の問題としては、只今のところでは海上警備の必要からいって、そうした高度の装備まで必要とすることは先ず現実の問題としてはないものと考えており、また、仮に抽象的には必要であるとしても、国の財政その他の点からその程度に至らしめるということは実行上において不可能である」と答弁した。岡本は、憲法第九条第二項にいう戦力を念頭に、アメリカから貸与され海上警備隊が使用する艦船の武器の程度について質した。大橋大臣は、「二千トン級と二百五十トン級はいずれも同程度の火器を積むが、火器の口径は、たしか三インチくらいのものではなかったか」と答弁した。

日本社会党は、憲法上の問題をなおも取り上げ、同党の荒木正三郎は翌三月二五日の参議院予算委員会において、「警察予備隊や海上警備隊の装備、編成、訓練がどのように強化されてもこれは再軍備にはならない、或いは憲法第九条にいう戦力とは関係がないという主張が成り立つか」と質した。これに対して大橋武夫大臣は、「日本の平和と秩序を維持し、国内治安を確保するという任務から、必要の範囲内において装備をし、その目的のために編成し、訓練しているのであり、それ以上のことを目的としてこれらの装備、編成、訓練をなしているものではない。政府としては、今後においても、装備、編成、訓練、いずれも国内治安確保の目的の限度内においてこれを実施していく方針をとっており、これが再軍備となるということは断じてあり得ないと確信をしている」と答弁した。

緑風会の西郷吉之助は、同四月三日の参議院内閣・地方行政連合委員会において、「海上警備隊は自治体警察である警視庁の予備隊に匹敵するものだということであったが、警察予備隊と同様に個人の海上警備隊員が活動するのでなくて、海軍で言えば艦隊行動をするわけであるから、自治体警察や国家警察ではなく、警察予備隊に匹敵するものだ」と考えるが、「やはり運輸大臣は自治体たる警視庁の予備隊程度のものであるという考えかどうか」と質した。村上義一運輸大臣は、「海上警備隊は、警察予備隊に匹敵するものとしては余りに微力であり、僅かに人員も六千人程度で、その船舶も千五百トン級が一〇隻、二百五十トン級が五〇隻という程度で、現段階では全く自治警察の機動隊や予備隊という程度を出ない」と答弁した。

日本社会党は、四月に入っても憲法上の問題を引き続き追求した。同四月五日の参議院内閣・地方行政連合委員会において、日本社会党の若木勝藏は、「海上警備隊の新設を中心として、現在の海上保安が海軍の様相を示しつつある」として次の三点を質した。若木が問題にした第一点は行動の範囲であった。若木は、従来の改正前の法律では海上保安庁の任務の範囲が日本国の沿岸水域であったが、改正案では海上というように範囲が広くなったとして、「これは沿岸に限定されずに相当広範囲な海上に出て警備に当ることになり、戦力や防衛に近接した考え方である」として問題視した。次に若木が問題にした第二点は組織の新設と装備の強化であった。若木は、「現在の海上保安庁には警備救難部があり、海上における暴動及び騒乱を鎮圧する業務がすでに明確になっているにもかかわらず、更に海上警備隊を新設することは、今までの海上保安の業務を逸脱する形が見える」とした。また、「装備についても現在よりも相当強化される点から考えて、現在の海上保安の法律の示す範囲を非常に逸脱して、軍の形を持って来るのではないか」と問題視した。若木が問題にした最後の第三点は予算の問題であった。若木は、「現在の予算でこういう組織が果してできるかどうか、できない場合は更にこれを修正して行くのかどうか」について答弁を求めた。これに対して村上義一運輸大臣は、「今回の海上保安庁法の改正法律案でその目的とする範囲が広汎になったとの指摘はそのとおりである。現在、港湾や沿岸等で警備や救難に当っているが、日本は独立する。今日までは進駐軍の援助があったが、独立すると自力で警備救難の業務に当るべきことは当然である」「公海上で海賊が現われた場合の取締りや、大きな海難が起り、天災が生じたときに完全に救出することは、おのずから限度がある。しかし日本が独立する以上は、従来のように単に港湾や沿岸のみに止めることは穏当ではなく、その活動範囲を拡める」「現在の海上保安庁には、五〇トン以上から七百トンまでの船が僅か百六十隻で、七百トン級は四隻しかなく、この百六十隻の船で一万マイルにわたる沿岸水域をパトロールして、密入国や密貿易の防止、漁船の保護、密漁の取締り、地震、台風、海難に際して、海上保安庁の使命を果して行くことは不可能と言ってよい状態にある」「百六十隻あっても、一隻の受持ち区域は大体七〇マイルにも及ぶ状態であり、取締りの網の目はかなり広いのである。そこへ救難を要する、あるいは警備を要するという特別の事態が惹起した場合には、どうしても一隻ずつパトロールしている小さい船では、その使命を果すことができないのである」「このような際に、従来でもその周辺にパトロールしている船に助勢をさせるべく直ちに指令を出すことをやっているが、そうすればその間に空隙が生ずる。これまでも警備のパトロールの間隙を故意に誘導的に作られて、その間隙に乗じて違法を遂行された例もあった」「そういった場合にはパトロールの船によらずして、直ちに警備隊が出動することが望ましいのである。警備救難部のパトロールは平常時の毎日の常務で、事が起った場合に時を移さず出動できる隊を作りたいというのが、この警備隊を今回作る法律改正案の趣旨である。平常時の警察事務、警備事務、救難事務を補う、機動的に必要ある場合に出動して補うという性質のもので、その本質は平常時の警備救難の仕事という範疇は出ない」と答弁した。

緑風会の岡本愛祐は、同四月五日の参議院内閣・地方行政連合委員会において、「海上における治安の維持という具体的な事例はどういうものであるのか。密入国、密出国、密輸入、密輸出、海賊行為の他にどういう具体的な事例があるのか。外国からの侵略も海上における治安の維持の中に入っているのか」と質した。大橋大臣は、「仮に外国の侵略があった場合において、海上の平和と秩序を維持するためには海上警備隊もその範囲内においては行動をしなければならない。例えば、そういう場合には、日本の近海における航海が非常に不安になることも考えられるので、そうした場合にそれらの不安な海上を航海する商船を守ることも、その任務として考えられる一つの具体的な例ではないかと思う」と答弁した。

海上警備隊による漁船の被拿捕防止についても質疑がなされた。

民主クラブの西田隆男は、同三月二四日の参議院予算委員会昭和二七年度予算と憲法に関する小委員会において、海上警備隊は日本漁船が拿捕されることを防御するために行動するのかと質した。大橋大臣は、「現在、船舶が拿捕されているのは、マッカーサー・ライン外において漁業をしているという理由で拿捕されているものが大部分である。現状では占領軍の規律によりマッカーサー・ラインがあり、それ以外における漁業は日本国民としては自由に行えないという状態になっており、これは被占領国として降伏条約によって受忍する義務があるが、講和条約の発効によりこの種の制限は解除されるものと考えている。国際的な制限がない限り、自由に海上で漁業をする権利が日本国民にもある。この権利を保護することは海上警備隊としては当然の任務である」と答弁した。さらに西田が、講和後において漁業条約がないソ連や中国から日本漁船を拿捕から守るのかと質したところ、大橋大臣は、「日本国民の漁業の権利を保護する立場から海上警備隊としては必要な措置をとる」と答弁したところ、西田は、「日本漁船の拿捕を防止しようとする際に三インチの口径の砲を射撃することも考えられるが、そうなった場合には憲法第九条に違反することになりはしないか」として大橋大臣の考えを質した。大橋大臣は、「海上では各国の主張等が錯綜をしているが、外交上処理を必要とするような場合において、その外交問題を海上警備隊の実力によって解決することは考えていない」と答弁し、武器の使用は念頭にないとする一方で、「日本国民がその海域において漁業の自由が与えられていることが国際的に明確な場合に、この権利を守ることは海上警備隊の当然の職務である」とも答弁し、海上警備隊の出動を否定しなかった。

続いて質問に立った日本共産党の岩間正男は、東シナ海では海上保安庁が出動して漁船を警備しているということを聞いているとした上で、国際紛争的なものに発展する可能性を大橋大臣に質したところ、大橋大臣は、「マッカーサー・ラインの問題は、講和条約の発効により今日とは根本的に状況が変って来るものと考えており、講和条約の発効前の事態を基礎として、海上警備隊の行動を考えることは不適当ではないか」と答弁した。岩間は、この大橋大臣の答弁に納得せず、警備隊が漁船の警備について行くことで、却って国際紛争の種子を播く方向に行くとして大橋大臣の答弁を求めたが、大橋大臣は、「マッカーサー・ラインに関することは所管大臣に確めて頂きたい」としてそれ以上の答弁をしなかった。吉田は、講和発効と同時に有効に働き得るような法令の制定について、その内容を質した。大橋大臣は、「保安庁の設置については、現在の警察予備隊と海上保安庁において新たに設けられる海上警備隊及び海上保安庁の従来からあった所管事務のうちで警備救難事務を一つの機構に統合したい考えであり、行政機構改革の一環として、自衛力として用いられ得るような新しい機構を総合的に管理運営するようにしたく、法案が可決されれば七月一日から実施したい」「海上警備隊、警察予備隊の部隊の実体をどう改革するかという問題であるが、海上保安庁においては六千人の増員に際して海上警備隊という新しい組織を保安庁所管の下に設け、ここで海上警備のため特別の必要の際に活動する船舶を主体とした部隊組織を作り上げて、これを海上警備隊と名付けることにしたい」と答弁した。

緑風会の楠見義男は、同四月一四日の参議院内閣委員会において、「新設する海上警備隊の性格や憲法との関連、自衛力漸増問題との関連を先に議論すべきではないか」と質した。村上義一運輸大臣は、「巡視船は一万マイルの沿岸線及びその海面を巡視警戒するのに、僅かに百六十隻程度しかない。一隻の巡視船の受持区域は約七〇マイルに及んでいる。この一隻が何らかそこに密輸や密入国らしき船を発見したとしても、相手が極めて単純なものであれば取締りをすることができるが、少し手強いものになると、どうしても巡視船一隻では手の下しようがない」「相手が一隻でも、時には武器も持っている場合があるし、船のスピードも遥かに相手の方が勝っている場合が少なくない。そういう場合に、ただ旗によって停船命令を出しても、何らの効果が得られないことも事実再々出くわしている。天災地変等でも少数のパトロール船では誠に結果から見て遺憾の点が少なくない。地震や台風その他の天災の際にも手の施しようがない、みすみす沈船などが生じているのに手が及ばないといった苦い経験がある」「どうしてもまとまった機動部隊が必要で、少なくとも数カ所にそういう隊を設けて平素編隊として訓練をして、必要に応じて直ちに出動するという体制を平時において整えることが必要である。何故、急いで海上保安庁法の改正法律案の審議をお願いしているかというと、警備隊員を募集して訓練をしなければならない、教養をしなければならないからである」「米国から借受けるのは、千五百トン級が一〇隻、二百五十トン級が五〇隻で順次到着すると期待しているが、現在の海上保安庁にはこれを受け取る人間がいないため、どうしても急いで警備隊員を募集して受入体制を整える法律が公布される必要がある。直ちに募集しても三月、四月の期間を経なければ乗組員ができ上らない実情であるので、急いで本法律案の審議、可決を念願している次第である」と答弁した。

また、楠見は「漁船の保護の問題について、例えば拿捕されそうなときに出動するのでは実際問題としては間に合わない。したがって常時、昔の駆逐艦が護衛したというようなまではいかないにしても、それに近いような保護の仕方でなければ安心して漁業に従事することが困難な面もあるのではないか」と質した。これに対して、柳沢米吉海上保安庁長官は、「拿捕船の出動する範囲は、魚群の位置によって大体見当がついているので、巡視警戒は今までの統計をもとに巡視船の巡視計画を立てることになるが、独立後は巡視船の行動半径が相当大きくなり、一般の巡視船による警戒がやや危うくなることも考えられる。こうしたときには警備隊に出動命令を出してやらせる」と答弁した。このほか楠見は、「余りに違い過ぎた性格のものが一つの保安機構に入っているために、軍備の疑問や懸念が出ている」として運輸大臣の見解を質した。村上運輸大臣は、「警備隊と現在ある警察予備隊との間に水と油ということはないけれども、相当の性格上の食い違いがあるように考えられるという指摘は全くそうだと私も思っている。海上保安庁の警備隊は、警察のただ単に機動的な任務を持ったものであり、命令系統その他についてもそういう考え方で起案した次第である」「その装備もただ千五百トン級の船十隻にだけ口径三インチ程度の小さい大砲を二門或いは一門備えるだけである。そういう僅かな微々たる武器しか持たない。しかもそれらの武器は多くは号砲をするためである。停止命令を旗によってした場合に応じない場合に、先ず第一発は船尾の相当離れた海上を目標に撃ち、更に応じない場合には艦首の前方に向って弾を撃ち、更に応じない場合には側壁の海面を目がけて撃つというのが号砲のやり方である」「この国際的なやり方に応じて停船命令をすることに用いるのが先ず平常考えられているところである。従って装備や装備の用法は、今日の陸上の警察予備隊のそれらとは少しばかりギャップがあるように私も感じている」と答弁した。

そして、同四月二二日の参議院内閣委員会において、柳沢米吉海上保安庁長官は、「海上保安庁としては、外敵の侵入に対しては海上保安庁法に定められた範囲内で治安の維持という意味においては作用するが、任務は人命及び財産の保護と海上の治安の確保を考えており、法の範囲外に出ることはない」と答弁した。

改進党の三好始は、この答弁に対して、「万一外敵の侵入があった場合に、法に定めてある範囲内で行動することは、外敵に対して抵抗するということなのかどうか」と質した。柳沢海上保安庁長官は、「例えば、漁船を拿捕から保護したり漁船その他が危険に瀕している場合に、相手方が相当不法なことをやった場合には、これに対して正当防衛的な考え方で当たることを考えている。外敵という意味が相当大きな範囲になる場合に、それを防護するかどうかという点については、例えば人命、財産に相当影響を及ぼすことになれば、任務を遂行する上においては排除しなければならない」と答弁した。さらに三好は、「国際紛争解決のための強制的な実力を行使される場合に、これを排除するために行動するかどうか」と質した。柳沢海上保安庁長官は、「そこまでは考えていない。人命の保護及び財産の保護という点を目途としており、力によって云々というところには参らないし、それだけの実際の力を持っていない」と答弁した。三好は、「人命、財産に危害を加えられる虞れがあるときには、これに対して適切な行動をとるという一方において、国際紛争解決のための強制的な圧力を加えるとか、戦争をしかけられたような場合に、何らこれに対しては抵抗する力を持っていないから、あたかも無抵抗主義をとるかのような意味にも受取れるような表現であるが、後者の場合どういう意味なのか」と質した。柳沢海上保安庁長官は、「例えば、海上において船舶その他が不法な行為を受ける場合は、我々はそれを保護することはやらなくてはならないが、外敵が来たときに、未だそれに人命及び財産に何ら危害を与えないというような場合は、これを力を以って排除する力があるかどうか、そのような力はないのではないかと思う。したがって、我々としては、どこまでも保安庁法に定められた精神の範囲内において行動するという以外にない」と答弁した。三好は、「仮に外国軍隊が日本に侵入して来るというような場合を仮定した場合に、直接的に人命財産に被害を及ぼさない場合には、全然抵抗の手段に出ない、具体的に人命財産に被害が起って来る場合にのみ行動する、こういう趣旨なのか」と質した。柳沢海上保安庁長官は、「海上において相当の力が何か来そうだという場合において、これを直ちに排除する行動は、人命財産に影響しない場合に、しかも治安にもそう影響がない場合にはこれを排除することはできないのではないか。しかし、治安及び人命財産に相当影響する、あるいは直接にそういうことが起るというときには、保安庁法の定められた範囲内で我々は行動しなければならない」と答弁した。三好は、「先ほど来の答弁では、人命及び財産ということを専ら問題にされていたが、只今の答弁では更に治安という言葉が加ってきた。治安ということになると、国際法上の原則に反して日本の領海に外国軍隊が侵入して来るということは、最も重大な国内治安に対する妨害であるから、治安を問題にする限り当然に行動に移らなければいけないという結論にもなって来る。そうすると、外国軍隊が日本の領海に侵入し、且つ上陸を企てるような場合には、当然に海上保安庁としてはこれに対して適切な行動に出ると了解してよいか」と質した。柳沢海上保安庁長官は、「そういう場合がもし起きたとすれば、直ちに力を以って云々ということでなく、他の方法により、相当に国際的解決や外交交渉、その他によって相当に解決の途があるのではないか。そういう重大な場合はむしろそういう方法を以って無事に解決すべきであるというふうに考えている。しかし、それがなお進んで治安その他人命財産等に影響のある場合には、この法律に定められた範囲内で行うという考えを持っている」と答弁した。三好は、「外国軍隊が日本の領海に侵入し、或いは上陸を企てるような場合に、これに対して外交交渉、その他国際的な交渉を通じて云々というような答えがあったが、それらが予告されて起ったのであれば、そういう解決方法が考え得ると思う」「しかし、現実の問題としてそういう挙に出られた場合には、外交交渉の余地も何も実際問題としてはあり得ないと思う」「現実の問題として外国軍隊が侵入して来る場合には、これに対抗するための措置をとることを考えていると、私は常識的に考えざるを得ない」として政府の見解を質した。柳沢海上保安庁長官は、「我々はどこまでもこの法に決められた治安及び人命及び財産の保護が目的であるので、外国の軍隊その他の侵入というような特別の場合に対処することについては、現在考えていない。しかし、それが人命財産に影響を及ぼすようなことになり、この法で定めた範囲に入ってくれば、その範囲内において行うということである」と答弁した。三好は、「法案に反対の意思を明らかにしたい」とし、その理由について、「警察予備隊も同様であるが、この法律の内容が憲法に反するものであると断定せざるを得ない」「憲法第九条は第二項において『陸海空軍その他の戦力は、これを保持しない。国の交戦権は、これを認めない』ということを規定し、前文でもこれと同じ立場に立っているわけであるが、現内閣がとっている憲法解釈の態度は相当誤りが見受けられる」「憲法が問題にしているのは、決して主たる任務が国内治安の維持にあるか、或いは外敵の防衛にあるかではなく、海外に出動するかしないかでもない」「外国軍隊の侵入に際し、或いは国際紛争の強制的処理の際に、国家として一切の組織化された抵抗力を持たない、又抵抗しないということが、いい悪いは別として、現行憲法の明々白々たる内容である」「私はこうした現行憲法の精神なり、はっきりした解釈論の帰結として海上保安庁法の改正法律案に対して、少なくとも現段階においてこれを支持することは、憲法を守るという立場から賛成できない」と自身の考えを述べた。

日本社会党の上條愛一は、「本案に反対をする」とし、「実際には海難をはじめとして密貿易、密入国、海賊行為等に対処するには、警備救難部のごとく平時パトロールして、これを行う組織を拡充することが一番緊要である」「例えば海難にしても、又は密貿易、密入国、海賊船等を発見した場合において直ちにこれに対策を構じないと、遠方の警備隊に通告してその出動を待つことでは手遅れとなって完全に任務を遂行し得ない」「したがって、海上保安庁本来の任務から考えれば、アメリカから借入れる艦船は、九つの海上保安管区に配分して活動させることが適切な措置ではないか」「大砲二門を備えた千五百トン級の一〇隻並びに二百五十トン級の五〇隻の船を、横須賀その他の旧軍港に集中して、平素は旧海兵団と同様に訓練のみを行い、一朝有事の際にのみこれを出動させるというのは戦力化の第一歩であって、憲法第九条に違反する」と反対の理由を述べた。

同じく日本社会党の成瀬幡治は、海上保安庁法の一部を改正する法律案に対して「反対をする」とし、「根本的に憲法九条に違反する再軍備への第一歩を意味するもの」であると反対の理由を述べた。アメリカからの貸与艦船を全国の海上保安管区に分散配置すべきとする考えは、海上保安庁側が当初主張したものと全く同じであった。軍隊的機能を法律で否定された海上保安庁側と護憲の日本社会党の主張には共通するものがあった。

一方、与党であった自由党の鈴木直人は、党を代表して「法案に賛成する」と発言した。翌日の参議院本会議では、野党の改進党と日本社会党が法案に「反対」の討論をしたが、採決の結果、過半数の賛成を得て法案は可決成立した。

昭和二七（一九五二）年四月二六日、海上保安庁法の一部を改正する法律が施行され、海上保安庁の中に海上警備隊が発足した。

改正された海上保安庁法の第二五条の二では、「海上警備隊は、海上における人命若しくは財産の保護又は治安の維持のため緊急の必要がある場合において、海上で必要な行動をするための機関とする」と規定された。第二五条の二九では、海上警備隊が海上における人命若しくは財産の保護又は治安の維持のため緊急の必要がある場合において海上で行動する場合に限り、海難救助や犯人逮捕のために附近の人に協力を求めること、船長等に対し書類の提出を命じ、船舶に立入検査をし、必要な質問をすること、船舶の進行停止、出発差し止め、航路変更、指定港への回航、乗組員等の下船又は下船制限若しくは禁止、積荷の陸揚又は陸揚の制限若しくは禁止、他船又は陸地との交通制限若しくは禁止することができると規定された。また、その職務を行うために武器を携帯することができると規定されるとともに、特に自己又は他人の生命又は身体の保護に関し、やむを得ない必要がある場合を除き、武器を使用してはならないとも規定された。さらに海上警備官のうち部内の秩序維持の職務に従事する者は、隊員の犯罪や海上警備隊の使用する施設内で発生した犯罪等について司法警察職員として職務を行うこととされた。このほか、海上警備隊が海上における人命若しくは財産の保護又は治安の維持のため緊急の必要がある場合において海上で行動する場合に限り、司法警察職員として現行犯逮捕及び緊急逮捕を行うことができるとされた。このように海上警備隊は、「海上における人命若しくは財産の保護又は治安の維持のため緊急の必要がある場合において」という一定の条件下において、限定された行政警察権限や司法警察権限を行使することができるとされた。

海上警備隊が発足した翌々日となる昭和二七（一九五二）年四月二八日には対日講和条約と日米安全保障条約が発効し、日本は独立を回復した。海上警備隊のトップの総監には山崎小五郎海上保安庁次長が就任した。このほか海上警備隊の幹部として、総務部長には林坦第五管区海上保安本部長が、補給経理部長には渡辺信義警備救難部警備課長が、技術部長には松崎純正第一管区海上保安本部長が就任し、旧海軍軍人側からは唯一、警備部長に長沢浩第二復員局総務課長（元海軍大佐）が就任した。この海上警備隊の人事を巡って、海上保安庁派と山本らの旧海軍派との間で、激しい人事抗争があった模様である。特に海上警備隊の総監に旧海軍軍人ではなく、運輸官僚（東大法学部卒）の山崎が就任すると、Ｙ委員会を主導した旧海軍軍人側トップの山本善雄元海軍少将は、「今日は最も不愉快な日かもしれない、否、もっと不愉快な日が何日も来るであろう」と日記に書き込んだ[330]。これ以降、水面下で課長人事をめぐって厳しい抗争がなされた[331]。海上警備隊の特に幹部人事では旧海軍軍人側は苦渋をなめた。しかし、これは海軍軍人側の将来を見越した戦略であったとも言える。人事面で海上保安庁側に大幅に譲歩したことで、海軍復活を否定し海上保安庁の強化拡充を頑強に唱える海上保安庁側の懐柔を図ることができた。海上保安庁長官の柳沢が、「組織は旧海軍側の主張に近く、人事は海上保安庁側の主張に近いものとして成立した」と当時の状況を回想していることからも裏付けられよう[332]。海上警備隊は、発足後三ヶ月あまり後の同八月一日に総理府の外局として発足した保安庁（後の防衛庁）に移管されて警備隊となり、昭和二九（一九五四）年七月一日の防衛庁設置法と自衛隊法の施行に伴って、海上自衛隊となった[333]。そして時間の経過と共に旧海軍軍人が要職を占めていった。

第六章

海上保安庁の解体と保安庁海上公安局の設置

第一節　保安庁法案と海上公安局法案

警察予備隊は、昭和二五（一九五〇）年八月に国家地方警察及び自治体警察の警察力を補い、治安維持上特別の必要がある場合において行動することを任務として設置され、また海上警備隊は、海上保安庁法の一部改正によって、海上における人命財産の保護又は治安の維持のため緊急の必要がある場合において、海上で必要な行動をするための機関として昭和二七（一九五二）年四月に発足し、いずれも各関係機関と協力して治安の維持及び生命財産の保護に当たる組織とされた。政府は、平和条約の効力が発生したことから、日本の自主自立態勢に即応して、国力にふさわしい簡素且つ能率的で、民主主義の原則に立脚する行政機構を樹立するため行政機構の改革を実施することとなった。

同改革の基本的構想に基づき、それまでの警察予備隊と海上警備隊及びこれと密接な関係のある海上保安庁の機構で水路、灯台等を除いたものとを統合して一体的運営を図り、今後いよいよ重要性を増すことが予想される治安の確保に万全を期するため、新たに保安庁を設置することとした。保安庁は、総理府の外局として、保安隊、警備隊、海上公安局を置く組織として考えられた[334]。保安庁法案は昭和二七（一九五二）年五月一〇日に、海上公安局法案は同一二日に国会に提出された。

保安庁と海上公安局との関係は、最終的に次のとおり規定された。海上公安局法の附則の規定により、同法の施行時には、海上保安庁法第二五条の規定も含めて海上保安庁法そのものが廃止されることとなっており、これは海上保安庁が解体されることを意味していた。

○保安庁法（昭和二七年七月三一日法律第二六五号）

（海上公安局）

第二十七条　保安庁に、海上公安局を置く。

2　海上公安局の組織、所掌事務及び権限等については、海上公安局法（昭和二十七年法律第二百六十七号）の定めるところによる。

（海上公安局の統制）

第六十二条　長官は、前条第一項の規定による警備隊の全部又は一部に対する出動命令があつた場合において、特別の必要があると認めるときは、海上公安局の全部又は一部を警備隊の統制下に入れることができる。

○海上公安局法（昭和二七年七月三一日法律第二六七号）

附則

1　この法律は、別に法律で定める日から施行する。

2　海上保安庁法（昭和二十三年法律第二十八号）は、廃止する。

保安庁法案においては、保安庁は、日本の平和と秩序を維持し、人命及び財産を保護するため特別の必要がある場合において行動する部隊を管理し、運営し、及びこれに関する事務を行い、併せて海上における警備救難の事務を行うことを任務とするものであるとされた。

このうち海上における警備救難の事務を行うのは、保安庁に置かれる海上公安局であり、これは、従前の海上保安庁の警備救難部を中心として設置されるもので、常時海上において、その任務を行うというものであった。政府は、その任務、組織、権限等から考えて、保安庁法とは別に海上公安局法を制定して、これらの事項を規定することが適当であるとし、保安庁法案と併せて海上公安局法案を国会に提出した。

保安庁が管理し、運営するところの日本の平和と秩序を維持し、人命及び財産を保護するため特別の必要がある場合において行動する部隊は、主として陸上において行動することを任務とする保安隊の部隊及び主として海上で行動することを任務とする警備隊の部隊であるとされた。保安庁法案においては、保安隊は従前の警察予備隊の、警備隊は従前の海上警備隊の任務を引き継ぐものとして、その任務、目的等について規定するほか、それまでの経験等に鑑みて、これらの任務、目的の遂行上その規定の十分でなかったと思われる点を整備し、かつ明確にして、その本来の任務を一層能率的に達成できるよう必要な措置を講じると共に、保安隊及び警備隊の管理、運営等について、民主主義の原則に基き、政治が完全に手配し得るよう、部局の組織、権限等について必要な規定を設け、また内閣総理大臣が保安隊又は警備隊の出動を命じたときは、国会の承認を求めることとする等、特に注意が払われた。

海上公安局法案の提出理由について、政府は次のように説明した。

日本は、四面環海の国であるため、海上において人命及び財産の安全を保護し、また法令の違反の防止その他治安を確保することが必要であり、この目的を達成するために、保安庁に海上公安局を設置するもので、海上公安局法案は、海上公安局の所掌事務並びに海上公安官の権限等について規定することを目的とする。海上公安局は、海上における法令違反の防止、海難、天災事変などの際の人命及び財産の保護、海上における犯罪捜査、犯人逮捕等の事務を掌る機関とする。

海上公安局の長は、保安庁長官の任命にかかり、その指揮監督を受けることになるが、海上公安局の職員の任免等の人事に関する事項は、海上公安局の長が行う。

海上公安局には、職員の訓練機関として海上公安大学校、海上公安学校、海上公安訓練所を置き、また、海上公安局の長の諮問に応じて海上公安に関する重要事項の調査審議に当るための海上公安審議会を置く。地方機関としては、地方海上公安局、地方海上公安部、港長事務所その他の事務所を置く。

海上公安局の事務を遂行するための職員として、海上公安官及び海上公安官補を置き、その階級について定める。海上公安官は、司法警察職員として、船舶への立入検査、船内にある犯罪容疑者に対する質問、犯罪捜査のため止むを得ない場合における停船、船舶の回航等の命令などの権限を有する。

海上公安官及び海上公安官補は、職務に必要な武器を所持し得ることとする。また、海上公安局の船舶は、職務遂行のために最小限度必要な武器を装備できることとし、犯罪容疑船に対する停船信号等のため止むを得ない場合に使用できることとする。

海上公安局法では、海上保安庁警備救難部[335]の所掌事務[336]にはない、「海上における公共の秩序の維持」が新たに規定され[337]、海上公安局は、海上における犯罪の捜査及び犯人又は被疑者の逮捕や、船舶交通の安全の確保等に加え、「海上における公共の秩序の維持」も所掌することになっていた[338]。

「公共の秩序」とは、法律及び社会慣習をもって確定されている社会公共の一定の秩序であり、非常に広範な意味における一切の秩序を指す[339]。「海上における公共の秩序の維持」の具体例として、当時の柳沢海上保安庁長官は、「例としては漁民の紛争というようなことがあった場合、あるいは船舶のうちに不穏の状況が発生して急を要するような場合に、これに必要な警告を発したりすることである」と答弁した[340]。こ

海上保安庁警備救難部の所掌事務（法第七条）	保安庁海上公安局の所掌事務（法第一条）
一　法令の海上における励行に関する事務 二　海難の際の人命、積荷及び船舶の救助並びに天災事変その他救済を必要とする場合における援助に関する事項 三　船舶交通の障害の除去に関する事項 四　海上保安庁以外の者で海上において人命、積荷及び船舶の救助を行うもの並びに船舶交通に対する障害を除去するものの監督に関する事項 五　旅客又は貨物の海上運送に従事する者に対する海上における保安のため必要な監督に関する事項 六　航法及び船舶交通に関する信号に関する事項 七　沿岸水域における巡視警戒に関する事項 八　海上における暴動及び騒乱の鎮圧に関する事項 九　海上における犯人の捜査及び逮捕に関する事項 十　前各号に掲げる事務を遂行するために使用する海上保安庁の船舶の整備計画及び運用に関する事項 十一　海上保安庁の使用する通信施設の建設、保守及び運用に関する事項 十二　国家地方警察及び自治体警察（以下「警察行政庁」という。）、税関、検疫所その他の関係行政庁との間における協力、共助及び連絡に関する事項	一　海上（別に法律で定める港の区域を含む。以下同じ。）における法令の違反の防止 二　海難の際の人命、積荷及び船舶の救助に関すること（運輸省の所掌に属するものを除く。）。 三　天災事変その他救済を必要とする場合における船舶又は航空機による人命及び財産の保護 四　港則法（昭和二十三年法律第百七十四号）の施行に関すること（運輸省の所掌に属するものを除く。）。 五　海上の航路障害物及び危険物の除去及び処理に関すること（機雷その他の爆発性の危険物の除去及び処理を除く。）。 六　前二号に掲げるものの外、船舶交通の安全に関すること（運輸省の所掌に属するものを除く。）。 七　海上における犯罪を捜査し、及びこれに係る犯人又は被疑者を逮捕すること並びに海上において犯人又は被疑者を逮捕すること。 八　前各号に掲げるものの外、海上における公共の秩序の維持

の答弁自体は、対日講和条約の発効に伴うマッカーサー・ラインの廃止[341]によって、海賊による日本漁船の拿捕事件が増加するおそれがあることを念頭に置いたものだろう。

しかし、保安庁を設置するタイミングにおいて、「海上における公共の秩序の維持」という所掌事務を新たに規定したことを踏まえると、その主眼は、従前の所掌事務である、犯罪捜査、人命救助、船舶交通の安全確保といったものとは異なるもの、すなわち侵略その他の緊急事態に際しての秩序を維持するための予備海軍的組織としての活動の根拠を海上公安局に付与することにあったと考えられる。

海上公安局法において重要な点は二点ある。

第一の点は、海上保安庁法第二五条と同じような軍隊的機能を否定する条項が規定されなかったことである[342]。

第二の点は、非常事態において、海上公安局（海上保安庁の警備救難部を移管した組織）を警備隊（後の海上自衛隊）の統制下に入れることができるとした点である。保安庁法第六一条で、内閣総理大臣は、非常事態に際して、治安の維持のため特に必要があると認める場合には、保安隊又は警備隊の全部又は一部の出動を命ずることができることとした。そして同法第六二条で、保安庁長官は、出動命令があった場合において、特別の必要があると認めるときは、海上公安局の全部又は一部を警備隊の統制下に入れることができることとした。

海上公安局法は、海上保安庁を解体し、警備救難部だけを海上公安局として保安庁に移し、その他は運輸省に残すというものだった。旧海軍軍人側は海軍再建構想の中で海上保安庁を予備海軍化することで研究を進めていた。旧海軍軍人側は、「海上保安庁船艇は戦時又は国家非常時に海軍の予備隊として海軍業務の一部を分掌することとすれば国防的に見ても極めて有利であることは米国がその実例を示している。また、元来海軍艦艇は高度の性能を必要とするものであるから、更改補充が比較的迅速である。この場合にその不要となったものを海上保安庁に移管し、その乗員を海軍予備員とすれば国家財政的にも国防的にも極めて有意義で一石二鳥の案である」と考えていた[343]。旧海軍軍人側の考えは海上公安局法に忠実に反映された。海上公安局の巡視船艇等は、国家の非常事態において海軍力を補完する勢力として考えられていたことになる。

これは、海軍の規模より重要なことは、予備員と予備艦艇により戦時に海軍力を急速に増強することができるような制度である、と唱えたマハンの理論を具体化するものであったと言える。

なお、水路部と灯台部は、警備救難部とともに保安庁に移らずに、運輸省に残されることになっていた。水路部は明治一九（一八八六）年に海軍省内に置かれていた水路局が廃止され、「海軍水路部官制」により海軍大臣に直属する独立官庁として設置された組織であった。海軍水路部は水路の測量・海図の調整・水路誌の編纂・気象の観測および図誌測器の配備、その他航海の保安に関することを掌っていた。明治二〇（一八八七）年には軍艦「金剛」による尖閣諸島の調査が行われたが、このとき水路部の測量班長であった加藤海軍大尉が乗船し調査にあたった[344]。当時の日本国内の水路業務（主に海洋測量、海図作製および供給）は全て海軍の水路部が担っていた。水路部を保安庁に移さなかった理由は、旧海軍軍人側が昭和二六（一九五一）年八月にまとめた「我国海上防衛力強化に関する研究」で触れられている[345]。同研究の中で、「水路部はその沿革と国防上の要望、殊に海軍空軍の作戦上の要求から見て海軍あるいは少なくとも国防省附属を適当とする理由もあり、各国の例においても主要国はいずれも海軍附属としている現状であるが、水路部本来の業務は文化的公共的性質のものであるので、戦時又は国家非常時の場合は所要の管制の措置をとるものとすれば、海上保安庁より切り離す必要はない」とされた。同研究文中の「文化的公共的性質」であるが、これは水路部の独特な性格を言い表している。水路部は、海軍艦船だけでなく、民間船舶にも海図や水路誌を供給して情報提供を行っていた。その創設以来、海軍内で唯一「民」とも公に関係を有し、海軍内でも独特な気風が培われた機関であった[346]。海軍水路部による水路測量が海軍のみならず民間船舶の航行にも必要な情報であった一方で、海軍内に民間の航海者を蔑視する風潮が根強く存在し、両者の関係には溝が存在した[347]。海上自衛隊の創設について研究したジェームス・E・アワーも、「日本海軍は公海上において、水路測量とその他の作業を支援していたが、それは渋々ながらであった。それは海軍がそれらの作業を付随的と考えていたからであった」と指摘している[348]。つまり、戦時又は国家非常時には所要の管制をとれば良いという考えや、もともと水路部の業務は旧海軍内で軽視されていたことに加え、水路部まで保安庁に取り込もうとすれば海上保安庁の抵抗は激化することは明らかであったことから[349]、水路部は運輸省に残ったのだろう。また、逓信省の航路標識部局を管掌する灯台局から運輸通信省灯台局、運輸省灯台局と変遷した灯台部も、水路部と同様に有事の際には所要の管制をとればよく運輸省に残ることになっていた。

第二節　法案提出前の国会質疑

国会での法案審議における論点の一つは、海上警察機関とされている海上保安庁と、再軍備を前提とした予備隊・警備隊と統合するのは適当か否かというものであった。その論戦は次の新聞記事をきっかけとして法案の国会提出前に始まっていた。

【昭和二七（一九五二）年一月二四日『読売新聞』「保安省を新設 実動部隊と防衛委統括」】

政府は一般行政機構の改革と一応切り離し保安省（ミニストリー・オブ・ナショナル・セキュリテー）の構成を急ぎ木村法務総裁、大橋国務相の手元で成案を急いでいるが同省は国内治安を除き専ら国防のみに当るべきもので、その基本をなすものは警察予備隊、海上保安庁など実動部隊と防衛委員会の二本建となっている。（以下略）

【同二月一日『読売新聞』「保安省に統合 法案今国会へ」】

政府は木村法務総裁、大橋国務、野田建設の三相を担当閣僚とし他の行政機構改革に並行して本格的な自

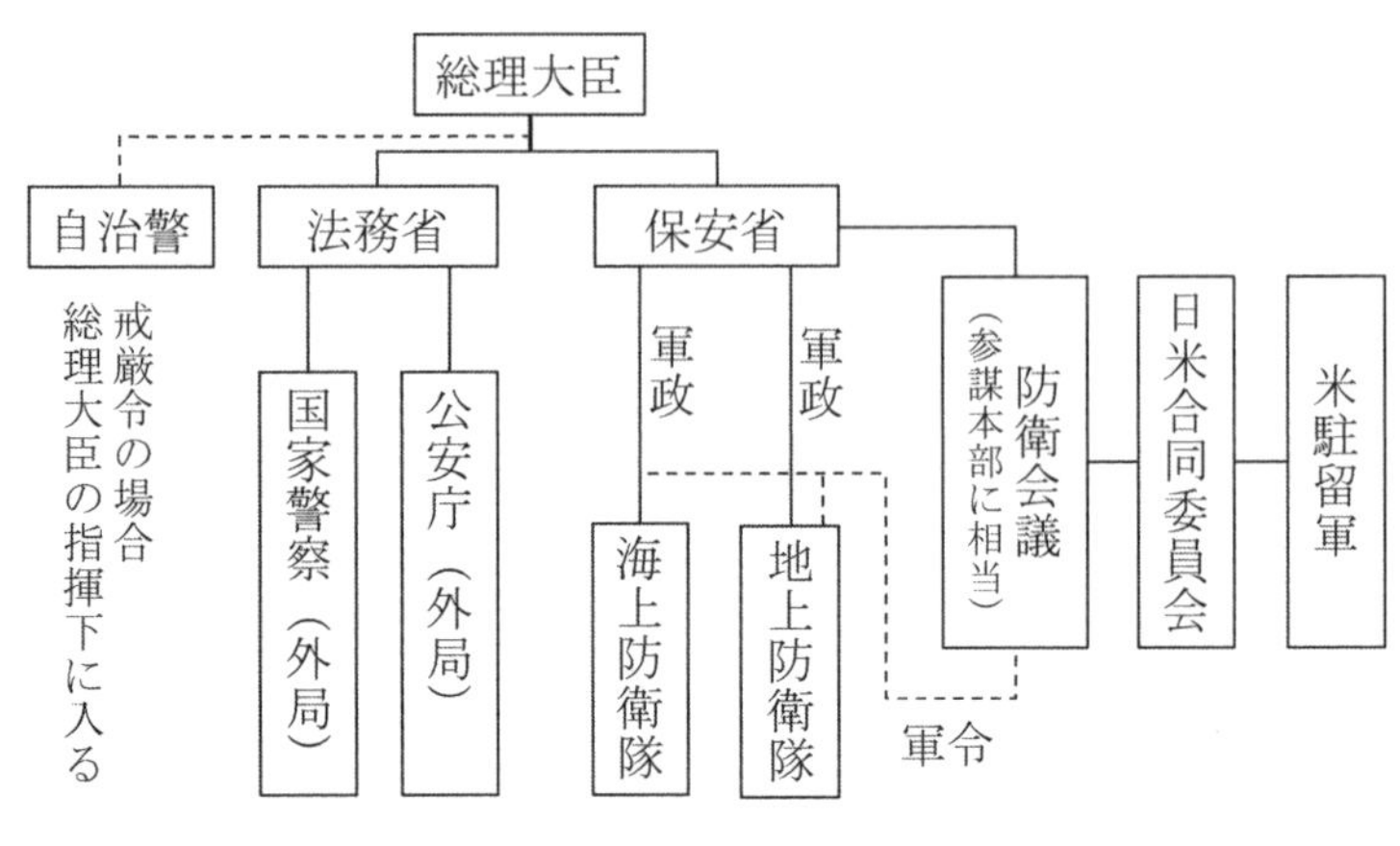

衛力組織の確立を考慮し目下次のような構想をたて各方面の意向を聴取しているが、三相としては近く防衛組織として一応の結論を得る見通しを持っている。政府の意図する「防衛隊」の構想は現在の「警察予備隊」の呼称が、部隊の士気振興に好影響を与えないという見地から呼称の切りかえを行おうとする点、また吉田・ダレス会談の結果によって再軍縮と警察隊との中間的性格を明らかにし将来の再軍備への切りかえが何時でも可能な体制にすすめようとするものとみられている。木村、大橋国務相らの防衛隊の構図は予備隊を中核とし陸上防衛隊を二七年度中に十一万に増強、海上保安庁を運輸省の所管から切り離し海上防衛隊として独立させ現在の一万三千名を一万九千名に増加させようとするものでその関係法案は出来あがり次第国会に提案する方針である。政府筋では装備が相当重装されても憲法改正まで及ぶものではないとしている。▼防衛の主体は現在の警察予備隊および海上保安庁をそれぞれ地上、海上防衛隊に改称して新設の保安省と並んで防衛会議体を設け、防衛隊の参謀本部としての機能を遂行すると共に、行政協定による日米合同委と密接に協議して米駐留軍との協力運営に当たる。

▼現行の法務府を省に格下げし、国家警察と米国の連邦検察

（FBI）に相当する新設の公安庁を外局に併合する。▼自治警は一応現状に留め戒厳令の際には総理大臣指揮下におく。

「影の運輸大臣」とも言われた与党自由党の關谷勝利は[350]、同二月二二日の衆議院運輸委員会において、運輸省から海上保安庁を移すという『読売新聞』が報じた内容について『反対』の立場から政府の見解を質した[351]。關谷は、「海上保安庁は一般警察と同じ任務を持っており、決して予備隊的な性格を持っているものではなく、治安省に統合すべきものではない」として政府の考えを質した。

佐々木秀世運輸政務次官は、「運輸省としても重大な関心を持っており、海上保安庁のあり方は、どこまでも海上警察の立場でなければならない。治安省というような予備隊的な組織の中に海上保安庁を入れられるということについては、運輸省として同意するわけにはいかない、やはり海上保安庁は、どこまでも海上警察であり、人命尊重の任務達成のあり方でなければならない」と答弁し、關谷に同調するように、運輸省側も移管に反対した。また、同じく自由党の玉置信一の質問に対して、佐々木運輸政務次官は、「現在の海上保安庁ですらも海上警察の十分な任務の達成のできない中、海上保安庁を割いて一部を治安省に持って行くということになれば、海上保安庁の活動が一層弱体化するという結果になる」とも答弁した。これは昭和二七（一九五二）年二月二二日の衆議院運輸委員会での質疑であるが、この時点では、運輸省は大橋大臣の考えとは異なり、予備隊的な組織の中に海上警察の海上保安庁を入れることには『反対』との立場を示した。

自由党の關谷勝利は、同二月二五日の衆議院運輸委員会において、治安省の創設と運輸省から海上保安庁を移すことの是非について、警察予備隊担当の大橋武夫国務大臣に質した[352]。

大橋大臣は、警察予備隊と海上保安庁の増強に関連して、「国内治安の機構のうちで、特に一般警察以上の武器を使用する面を一元的に統一してはどうかについて政府部内で一つの研究題目となっているが結論は出してはいない。結論を出すにあたり、警察予備隊と海上保安庁の両者を統合して、一つの新しい機構をつくるという問題を研究している」「これを一緒にする方が行政機構として適切であるか、現状のごとく別々にしておくことが適切であるかについてはなお研究中である」と答弁した。この答弁に対して鬪谷は、「予備隊は再軍備の前提ではないかと非常に議論されており、一般の警察行政の海上保安庁と一つにすると再軍備の前提ではないかと誤解を受けるおそれがある、現在のとおり運輸省の所管の場合には完全に再軍備ではないことが世間もその所属から判断してそういう感じを持つであろう。誤解を招かないように現在の海上保安庁を運輸省から治安省へ持って行くことは考えなければならない」と海上保安庁の移管に強く反対した。

鬪谷は、「日本漁船のソ連による拿捕防止のために海上保安庁が出動して、ソ連と接触をする場合に、ソ連とは講和条約を調印していないことから、ソ連が海上保安庁の武器を軍備と認定すると武装解除をさせられるおそれがある」とし、「海上保安庁が運輸省の所管で人命救助の方法として武器を持つ警察であれば、ソ連との間でも感情的に非常に好結果をもたらすだろうし、再軍備と間違われないようにするために、海上保安庁を運輸省から切り離すべきではなく、現在の運輸省に置くべきものである」として海上保安庁の武装とソ連による被拿捕防止の観点から大橋大臣の答弁を求めた。

これに対して大橋大臣は、「警察予備隊も再軍備ではなく、再軍備と間違われては困ることは海上保安庁と同様である。再軍備と間違われて困るもの同士が一緒になったからといって、それがために再軍備と間違われる可能性が増えるとは考えていない」「外国の軍艦等と接触をした場合に、運輸省に所属しているか、新しい機構にいるか、それによって扱いが違うおそれはないかという点については、警察予備隊は再軍備ではなく、特に格段の取扱いの差があるとは予想していない」「再軍備ではないかという疑問を持たれていることは事実であるが、この行政機構の改革の問題は、行政上における能率の改善並びに経済的な連帯という面があり、一般の理解を深めるような措置を講ずることにより、誤解の発生を予防していきたい」と答弁した。担当大臣の大橋は、あくまで行政機構改革の一環であり「再軍備」ではないことを強調した。

自由党の玉置信一は、同二月二五日の衆議院運輸委員会において、国内治安の面から見て外部より侵略を受ける場合、海上保安庁はどのような任務に当たるのかを質した。

大橋大臣は、「海上保安庁の侵略に際しての任務は、直接鎮圧に当るというよりは、航海の安全を保護することが主たる任務になる」と答弁し、外部から侵略を受けた場合でも海上保安庁は従来の任務を主に行うとした。

日本社会党の内村清次は、同二月二六日の衆議院運輸委員会において、「海上保安庁を警察予備隊と統合することは直接侵略に対する戦略的な配置増強の一環となるのか」と質した[353]。

村上義一運輸大臣は、「海上保安庁の性質は、全く航海安全の業務と警備救難の業務の二つであり、前者は警察事務までも行かない純粋の海運の業務に接近している。警備救難の業務は、例えば、密貿易、密入国、密漁の取締りや海上における動乱を鎮圧するといった警察事務であることは明瞭である。海上保安庁のこれらの仕事を保安庁に合併することが適当か否かは、自ずから明らかなものだと考えている」と答弁し、運輸大臣として警察機関である海上保安庁と警察予備隊の統合に『反対』する考えをにじませた。

緑風会の岡本愛祐は、同二月二七日の参議院地方行政委員会において、「自衛のための新機構とは別に運輸省に海上犯罪の予防及び鎮圧のための警備部を残すことはナンセンスで、海上保安庁の警備部門は新機構に持って行かなければならない」と政府の見解を質した。

大橋大臣は、「保安庁の任務の増強ということを考えると、平常時における業務のほかに、緊急事態に際して日本商船の護送、平常時と異なる海上の警備・警戒、掃海作業といった特殊な仕事も考え得る。陸上においても平常的な警察事務のほかに、警察予備隊が組織されている理由となるような非常事態的な仕事がある」「海上における平常的な仕事と非常事態的な仕事を一つの組織に統合すべきか、或いは陸上においては一般警察と警察予備隊が異なった組織に組織されているのと同様に別個の組織にしておく方が実際上便宜であるか、慎重に研究を重ねていきたい」と答弁し、海上保安庁の警備部門を新たな機構に持っていくのか、海上保安庁に残すのか明言しなかった。

さらに岡本は、「警察と予備隊の関係と同じように考えれば、警察的なものは運輸省に残しておくという考えだと思うが、新たな機構に持っていかないときは、海上における警備は陸の警察と一緒にすべきである」として大橋大臣の見解を質した。

大橋大臣は、「太平洋、日本海、東シナ海等における警備警戒には相当大きな船が要るため、地先警察に普遍的に持たせることは到底不可能であり、かつ各県々の地先で区別するよりは、一元的に管理運営する方が適当であろう、こういう点で陸上の警察の海上における任務を認めた場合にも、その補充的な意味合いにおいて、何らか現在の海上保安庁のような機関が要るのではないかと考えている」「戦時的な事態が海上に起った場合に、海上交通は是非確保しなければならない。そうした場合、漁業、海上交通を確保するための準備も考えなければならない。新しく増強される部分は、平常的な任務と同時に、そのような新しい任務を持つわけであり、海上における警備並びに国内治安のためであることから、広い意味においてはやはり警備というものである」「しかしその警備の中に二通りの意味があり、専ら平素の密入国や密漁の取締りのほかに、海上における非常事態における治安の確保ということのための任務もある。従ってこれは警察的目的ではあるが、そこに多少のニュアンスがありはしないか。新機構を作る場合において、この二つの面を現在のように一体として管理して行くということも一つの方法であるし、強いてその機能のニュアンスという点に着目して、これを別個の組織として作り上げるということも一つの方法であろう。どちらの方法が良いかを今研究している」と答弁した。

大橋大臣は、同二月二七日の参議院地方行政委員会で機構改革案について、「新しい機構は国務大臣を長官とする機構としたい。実力部隊である予備隊、海上保安庁の指揮命令権限を常に政府やその代表者の手に確保することを眼目にして、この機構を研究している。実力部隊の活動が、国民の代表者である国会や政府によって如何によく統制されるか、統制されることを保証し得るか、これが重点である」「海上保安庁関係の部分と予備隊関係の部分は、どちらも実力部隊であり、これを統合して一つの指揮官の下に統制するという考え方も考え得るが、二つを切離して別個の指揮官を置くことが実際的でもあり、統制の上においても良いと思っている。一番今問題となっている点は、指揮官を文官にするか、制服職員にするかという点であるが、法制の上はできる限り制服職員でない人に指揮権を与えるような機構を考えたいと思っている」と答弁し、警察予備隊と同じく武装する実力部隊の海上保安庁関係は、その人事も含めてシビリアンコントロールを重点に検討している考えを示した。

大橋大臣は、保安庁の性質について「保安庁は一つの警察機関である」との見解を示し、「普通は警察というのは国内の社会秩序を維持するために、あるいは社会の危害を予防し、鎮圧するために国民に対して権利又は自由を制限する行為が警察行為ということになっており、これらの禁止制限を実行するための実力行使が即ち警察力であると観念される。したがって、保安隊あるいは警備隊は国内治安を維持するための禁止制限、これはもとより他の法令により他の行政機関によって禁止制限は命じられるが、これを実力をもって強制する機関であるという意味においては、広い意味の警察機関であると考える」「そのような広い意味の警察機関としては、現行法上はいろいろな機関がある。先ず第一に各省大臣は法令により公益に支障のある事柄について禁止制限をする場合があるが、そういう意味においては、各省大臣もそれぞれ一定限度において警察権限を持っているから警察機関であると言える。しかし、これらの警察力のみをもっては、日本国内の秩序と平和の維持が十分であるとは認められない。これを補うものとして、現在の警察予備隊あるいは海上警備隊ができているわけであり、これらは同じく警察機関ではあるが、一般警察力を補うものとして特別な組織を持ち、特に顕著な点としては、内閣総理大臣の指揮命令により動くという点において一般の警察とは違っている」「治安の目的を達するためにはいろいろな機関があるが、かつては主たるものは軍隊と警察であると考えられていた。現在、憲法上軍隊を禁じられていることから、治安目的に用いるところの国家の実力行使の機関としてはこれを警察であると観念すべきものではないか。この保安庁は一つの警察機関であるということは言い得る」と答弁した[354]。

緑風会の岡本愛祐は、同三月六日の参議院予算委員会において、海上保安庁の増員の目的を吉田総理に質した[355]。

吉田総理は、「海上保安隊にしても新設部隊にしても国内の治安を主たる目的としている」と答弁したが、この答弁に納得しない岡本は再質問した。

所管大臣の大橋は、「現在の海上保安庁の警備力を増強する趣旨で行うもので、これに必要な船舶はアメリカから借り受ける運びになりつつある。船に備えている武器も在来の船舶とは多少その性能、構造等が違っており、実際上の区別からして理論上は同じく警備に当るものではあるが、乗組員の訓練等においても多少従来の船舶の訓練とは別にすることが適当である。このような事情から、同じ海上における警備力ではあるが、従来の警備力と新たに増強される部分とは別途に管理することが適当であると判断し、海上警備隊という新しい一つの組織を考えているわけである」と答弁した。

改進党の堀木鎌三は、同三月二二日の参議院予算委員会において、六千人の増員や機構改正の検討状況について質した。

村上義一運輸大臣は、「百五十隻ぐらいの船ですべての水域、海岸線をパトロールしており非常に手簿である。このため約六千名を増員して機動的に必要な場合に出動することにしたい」「海上保安庁の大部分の仕事はいわゆるコーストガードの仕事であり、密貿易の取締りは大蔵省、密漁の取締りは農林省、密入国は外務省の仕事といって差支えない。しかし、いずれもパトロールをして処置をとるという必要上、財政的に見て一カ所で処理することが最も有効で適切であるという考え方から、コーストガードシステムが生まれ出ていることから、もし保安に関する別個の機構が総理府等にできる場合には問題にすべきだと思って考慮しつつある次第である」と答弁し、海上保安庁の警備救難部を運輸省から切り離すことに『反対』の姿勢を示した。

緑風会の岡本愛祐は、同三月二四日の参議院予算委員会昭和二七年度予算と憲法に関する小委員会において、海上警備隊と海上保安隊との関係について質した。

大橋大臣は、「来年度予算の中に六千人の増員を計画しているが、この増員は特殊な警備事務に当らせることを目的としており、これを海上警備隊として海上保安庁の下部機構として発足させる考えである。したがって、従来の警備救難事務に従事する船舶と新しく発足する海上警備隊に属する船舶並びに要員が併立して、おのおの分担して職務を執行することになる。新設の保安庁の機構においては、海上において現在の海上保安庁の事務の中から警備救難関係の事務と、新しく新設する海上警備隊の事務とを所管するようにしたい」「岡本委員が他の委員会で質問した際には、当時の構想として新設の保安庁には海上保安隊の機構の中で新しく発足する海上警備隊の分だけを移管したいと答えたが、その後の政府の研究としては、船舶の能率的な運営という見地から、海上警備隊のほかに警備救難事務も併せて新機構に置いたらどうかと最近考え方を変えてきている」「新機構の保安庁においては、現在の海上保安庁の事務のうち警備救難の事務と新しい海上警備の双方を併せて所管する考えであるが、組織として一箇の機関にするか、或いは警備救難事務だけを一つの統一ある組織的な一体とし、海上警備隊は従来の警備救難事務とは切離した別の機構として発足をさせていくかは研究をしているところである」と述べ、海上保安庁の警備救難部を移管する方向で検討されていることが示された。

日本社会党の原虎一は、同四月三日の参議院内閣・地方行政連合委員会において、「運輸省がこのような装備を持った船を相当数持って、六千人の海上警備員を増員して海上の治安に当たるということであるが、国内治安の維持という問題は、一運輸大臣のみの考えで決まっているわけではない」として、「海上保安庁法を改正する範囲だけの責任において答弁することは無責任だ」と質した。

村上運輸大臣は、「現在、海上保安庁は運輸省の外局として存在しているが、海上保安庁長官は運輸大臣の命令だけで動いているものではなく、密漁の取締りや日本漁船の保護は農林大臣の命令を受けて、密入国取締りは外務大臣の命令を受けて、密貿易は大蔵大臣の命令を受けて、一般司法警察は法務総裁の命令を受けており、複雑な関係にある。ただ、航路安全業務や救難事業といった事柄と切り離し得ず、これらの仕事は船をもってやらなければならない関係で、経済的にこれを一括しているということが主なる理由である」「米国等でも六十年の長い歴史を以て漸く十年ほど前にコースト・ガードシステムが成立したのである。米国ですら国家経済という見地からコースト・ガードとしてこれを一本に処理して行くということになっている。現在、米国ではコースト・ガードは大蔵省の所管になっているが、フーバー行政機構委員会では交通省に所管を移すことが至当だというアドバイスをしている。米国の六十年に及ぶ長年の所属についての歴史に鑑みても、またその所管大臣が非常に多数になっているという点から鑑みても了解願えると思う」「日本の自衛力を如何に今後すべきか、もっと大きい意味で治安ということを考えていかなければならないことは誠にお説の通りである。これは更に別箇の法律案を国会で審査してもらってこの性質を変えて行くということにすべきだと思っている。ただ、その時期が日本の経済力が許さないので、ただ単なるコースト・ガードの目的だけを果す強化を二十七年度において進めたいということであり、このままで進むことは許さるべきではないと私としても考えている」「海上保安庁は、人命の尊重又は正義、人道という見地で進んでいる。自衛という観点から進むと、この指導精神は全然塗り変えなくてはならないと私は思っている。自衛という範疇に属する行動をとる場合には海上保安庁でやるべきではない、運輸省の所管でやるべきでない、私はそう考えている」と答弁した。

原は、「そうなると海上保安庁としては今回増設される海上警備隊で大体やって行くが、それ以上の自衛の問題になればこれとは別箇に行くということが政府の方針であるのか」と質した。

村上運輸大臣は、「内閣としても将来の問題についてはいろいろ意見の交換も今日までにあったことは事実である。しかし、いわゆる自衛というような見地から言えば、全然部隊が大きくなって来ると思うし、そのときに海上保安庁の現在の力が自衛の一コマになるかどうかは今後の問題だと思う」「現在、米国はあれだけ大きい海軍力を持っているが、コースト・ガードは全然別に取扱っている。一旦緩急あって戦時状態になったときには海軍司令長官の命に服従するということにはなっている。米国でも戦時状態になったときはコースト・ガードは戦力の一部分、自衛力の一部分だということはそれで言い得ると思う。自衛という力を日本が将来持っていかなければならないというのは私も同感であるが、米国は平時は全然別になっていることから、そこは今後将来の問題だと思う」と答弁した。

このように海上保安庁の移管に反対の姿勢を示していた運輸省であったが、同四月五日、ついにそれまでの統合反対の姿勢をやめて消極的賛成に転じた。村上運輸大臣は、同日の参議院内閣・地方行政連合委員会において、それまで海上保安庁の運輸省からの移管には反対の姿勢を示していたが、「今朝の閣議で海上保安庁の警備救難部を海上警備隊とともに総理府に移すことについて決定された」として、「今日の閣議で決まったことは、水路部、灯台部、海事検査部が運輸省に残って、警備救難部と航路啓開部と警備隊が総理府のほうへ移ることになる。その際に警備隊の性格が変更となるが、現在の性格が一変するのではなく、現在の性格の上へ更にあるものがプラスされることになると私は思う」「総理府へ警備救難部が移るが、あくまで警備救難部は平常業務であり、この平常業務の力の足りない場合に警備隊が出動する、警備救難部の力の足らざるところを補って海上の治安を保つ、生命財産の保護の任務を全うするという仕事はやはりある。それに、陸上における現在の警察予備隊のような性質が更にプラスされるということになると私は思っている」「現在、海上保安庁は、密貿易の取締りは大蔵大臣の、密入国は外務大臣の、密漁の取締りは農林大臣の、海上の警察業務は法務総裁の指揮監督下において処理しており、非常に複雑な性質である。この理由は、全く基本は経済的な点にあるのであり、これらの業務がいずれも船舶によりパトロールをしなければならないという性質のものである点にある。それぞれの仕事を大蔵省は大蔵省でやる、農林省は農林省でやるということにすると、非常な経済上不利益をもたらすので、一括して処理するというのが、このコースト・ガードのシステムが生れ出たゆえんである」「米国においても六十年余りの古い経緯を持っており、現在、大蔵省と財務省の所管に属しているが、行政機構の特別委員会であるフーバー委員会は、交通省の所管にするのが適当だという結論を出した。日本においてもこのコースト・ガードの仕事、警備救難の業務は変遷があるかも知れないが、是非とも運輸省が所管しなければならないと強く主張する理由もそこに発見できないのである。経済的な見地その他各般の事情を考慮して私も賛成をしたに過ぎない」と答弁し、『消極的賛成』に転じたことを明らかにした。

緑風会の楠見義男は、同四月一四日の参議院内閣委員会において、「新しい保安機構に海上警備隊が移行する際に、現在の海上保安庁それ自体が一体となって移行するのか、或いはそうでない場合には、運輸大臣としては新機構については反対であるのか」と質した。

村上運輸大臣は、「私は海上警備隊だけが新機構に移るということも一つの考え方だと思っている」と述べ、海上保安庁警備救難部の移管に心情的には未だ反対であることを滲ませながらも、「しかしながら一方において、連合委員会のときにも申述べたように、現在の海上保安庁の仕事について、特に警備救難部の仕事は、大蔵大臣、農林大臣、法務総裁、外務大臣等の命令監督を受けているという面があり、非常に複雑な内容を警備救難部というものは持っている」「したがって、警備救難部の現在の仕事に機動的に対応できるものだけでなく、本家のものも同時に移ることがこの際は適当ではないかと考えたのである」「総理府にできる保安庁の陸と海との間には相当の開きがあるが、所管の大橋国務大臣は差支えないという考えを持っている。閣議の意見に私も従ったような次第である」と答弁し、苦渋の選択であることを示した。

第三節　法案提出後の国会質疑

新聞記事のリークを契機として、国会でのやり取りが続いたが、ようやく保安庁法案は昭和二七（一九五二）年五月一〇日に、海上公安局法案は同一二日に国会に提出された。法案提出後の国会審議ではどのような質疑が交わされたのだろうか。

改進党の船田享二は、同五月一四日の衆議院内閣委員会において、「警備救難事務と水路、灯台の事務を分離してしまうことは、防衛ということをあまりに強く考えて、人命を救助し、国民の財産を保護するという海上の保安業務の方を軽視したきらいがあるのではないか」とし、「警察予備隊と海上保安庁とを統合して、国民の生命、財産の保護を、防衛のために犠牲にしかねないような機構をつくることは、海陸合同の防衛態勢をつくりあげるということになるおそれがあり」「実質的に軍備といわれても仕方がない」と発言した。さらに、「これまで政府は常に再軍備はしない、憲法は改正しないという方針を明らかにしており、そのような立場を政府が常に堅持しているならば、ようやく整備されてきた海上保安庁をまず強化して、そうして将来必要があれば憲法の改正を行って、防衛機構の確立を期する方がいいのではないか」として憲法問題に踏み込んだ。

大橋大臣は、「警備救難の船舶の仕事と、水路、灯台の仕事とが非常に密接な関係がある点は事実であり、これらを切り離すことは非常な不便を免れないが、この法案では、警備隊の任務遂行上、特に必要ありと認める場合には、水路官署又は航路標識官署に対して、保安庁長官から協力を求める、水路官署又は航路標識官署はこの協力の要請に応じなければならないという趣旨の規定を第八十二条に置くことにより、今後の運用上支障なきを期したい」「要は一般の警察的な仕事と、海上警備隊の仕事はこれは陸上における保安隊、警察の仕事が分離されているように、分離をしておくということが、理論上は適当である」と述べて、移管しないことに一定の理解を示しつつも、「実情からやむを得ず、現在の段階においては船舶の運用を伴う警備救難事務だけは、この保安庁に一緒にしているという趣旨であり、この扱いは将来においては、なお十分に研究を続けて、適切なあり方に帰着せしめるようにしなければならないと考えている」「たとえ国内治安維持が主眼となってでき上ったものであっても、これらの陸上、海上の部隊はある程度の武器を持っているという点から見ると、これは最近の各国の軍隊に比較すれば微々たるものかもしれないが、しかし数十年前の軍隊から見れば、相当な威力を持っているものであり、国内政治の上から言うと、軍事的機関と同じような注意をもってこの機構を工夫しなければならない」「国内においてはそれが軍隊であるか軍隊でないかということよりも、とにかく最強力な実力機関である。こういう点に着眼してこれの運用に関する機構を十分民主的に運営することが可能なような仕組みを考えておくことが必要である」「特にわが国のごとく新憲法施行後日も浅く、また旧憲法のもとにおいては、国内における最大の実力部隊であった陸軍、海軍が、国政の上に大きな影響を及ぼした。これが民主化を妨げた。こういう点から考えると、今後保安隊、警備隊というものの増強を考える以上は、今日においてこれに対する管理の行政的な機関というもののあり方をしっかり確立しておくことが、将来のために必要である。これが民主主義憲法を守るための大切なことである」「このような点から政府としては、将来の増強を予想される今日の段階において、これらの実力的な防衛にも用いられ得るような機構、また国内においてはかつて軍隊が担当したような内乱、暴動の際における最後の実力行使機関、こういう実体に鑑みて、この際に民主的な機構を確立するという意味において、少なくとも海上警備隊はこれを新しい機構において管理させることが適当である」「再軍備と憲法との関係について、この保安隊及び警備隊が現在の警察予備隊及び海上警備隊の名称をかえて誕生することになっているが、現在の警察予備隊また海上警備隊が持っている任務なり使命をそのまま引継いでこれを拡充強化する。同時に、特に警察予備隊については、二年間の経験に基いて、規定上不備と認められる点を補充するという趣旨であり、保安庁法の規定は、現在の警察予備隊並びに海上警備隊の性格任務を何ら変更するものではないのであり、これは再軍備とは関係ない国内治安機関の拡充強化である」と答弁し理解を求めた。

改進党の船田享二は、同五月一七日の衆議院内閣委員会において、「海上保安庁を解体して、海上保安庁の業務の中にあった水路、灯台の業務だけを運輸省の方に残して、あと残りの海上保安庁と警察予備隊とを統合して、別に政府は保安庁法案を提出している」「このようなやり方は、一方において防衛機構を整えることに急なるあまり、他方において、国民の生命、財産を保護しようとする海上の保安業務を軽視したきらいがあるのではないか」「古い軍国主義的な思想の復活を求めるようなきらいがある」として運輸省の見解を求めた。

佐々木運輸政務次官は、「今回の行政機構の改革に上る海上保安庁の解体の問題であるが、運輸省としても、従来の形態のままで運輸省に設置しておくことにすることが最も妥当であり、かつまた治安上の責任も運輸省で十分負えるという考え方は持っていたが、その後、政府部内においてもいろいろと異論があり、結果的にはこのような姿で法案となった」と述べて、運輸省としても移管は望んでいないことを暗に示しつつも、「決してこれで満足だとは考えていない。しかし行政機構においては、いろいろ十分でない点はあるが、政府の行政機構の一つの方針に基づいてなされたものであるので、運輸省としては、いわゆる海上交通の安全を図るという点においては、灯台、水路を、いわゆる海上保安のための補助的な施設として、海上における船舶の航行を安全ならしめるという点においては、できる限り努力したい」と答弁し、灯台と水路に関する行政は引き続き運輸省で所管し、海上の安全確保を図ることを強調した。

大橋大臣は、同六月二日の参議院内閣・地方行政連合委員会において、警察予備隊や海上警備隊は憲法の範囲内で国内治安のために組織するものであり、ある種の装備は戦争で使用される程度のものであるが、これをもって外国と戦争をなし得るかというと、到底それだけの力はなく、近代戦を遂行するだけの十分な戦力とこれを認める段階には達し得ない。政府としては、警察予備隊や海上警備隊の任務は、あくまでも国内の秩序を維持することを主眼としており、警察予備隊を海外に派遣することは毛頭考えておらず、憲法上戦力というべきものでもないとして、憲法上の問題はないとした。

運輸省大臣官房文書課長の谷伍平は、同六月三日の参議院内閣委員会において、運輸省の所掌事務の変更について、「海上保安庁の警備救難関係が総理府に行き、その他の保安庁の海事検査部の仕事、それから水路部、灯台部の所掌事務は運輸省に移管されることになるので、海事検査部の事務を海運局、船舶局、船員局に分属させ、また水路部、灯台部は附属機関としてその関係の権限を規定した」「海上保安庁の水路部及び灯台部が海上保安庁から運輸省に移管されて運輸省の附属機関になる」等と説明した。

緑風会の楠見義男は、「海上保安庁の事務が一部新しくできる保安庁に移行するのに伴って、どういう基準で一部のものは運輸省へ残し、一部のものは保安庁に行くのか」と質した。

壺井玄剛運輸大臣官房長は、「大体の基本観念としては、運輸及び直接航路の安全に関する仕事は運輸省において原則として扱う、そして海上における安全の実施に関する面は海上公安局において取扱うという基本観念で分けたが、やはり依然としてその間に明確を欠く点があるのではないかと思う」「そこで一つ一つの事項について、これは運輸省、これは海上公安局、これは警備隊というふうに分けたような次第であり、救難業務については、救難業者の監督に類するようなことは海運局で取扱う、航路を閉塞しており、どうしてもそれを撤去しなければならないというようなものは公安局で取扱うというふうな考え方で分けたような恰好になっている」「海難救助の制度の調査及び企画立案に関することは、原則として航海安全の最も枢要な部分であり、海難を如何にすれば軽減できるか、海難が起った場合にそれを最小限度に食い止める、或いは救助することは如何にすれば一番経済的で有効であるかということについての事項が海運行政、いわゆる海運政策の相当中心的な部分を占めているので、海運局においてそれを所管をすると一応考えたのである」と説明した。

楠見は、「基本的なことは運輸省で企画立案し、その航海安全の基本計画に従う海上安全の実施は公安局だということであったが、そうすればなぜ海上公安局を運輸省の附属機関や外局にせずに、保安庁に移したのか」と質した。

壺井運輸大臣官房長は、「私どももそれが一番いいかと思ったが、公安局に所属している船の数が相当多数に上っており、その実施行為自体で直接海上警備隊の警備活動と共用に使うということが最も経済的に有利である」「同時に、海上公安局において関税逋脱の防止に伴ういわゆるロー・エンフオースメントと言われている仕事や、漁業に関するロー・エンフオースメントの仕事も併せて行っているので、そういう海上におけるロー・エンフオースメントに関する実力行使のいろいろな行政機能を、一元的に船を持っている所に集中して実施するのが非常に有利ではないかという意見が差当り結論的に考えられ、取りあえず運輸省に置かないで、海上警備隊の所属している保安庁の中に置くということになったわけである」と説明した。

楠見は、「変なたとえであるが、ひさしを貸して母屋を取られたような感じがする」「別に所管争いとか何とか、そういう意味ではなしに」「海上保安庁については、航海安全や海難救助ということの基本的な問題が運輸省において決められるとすれば、従来通り運輸省に属せしめるのが適当かと思う」と述べて質疑を終了した。

改進党の松原一彦は、同六月六日の参議院内閣委員会において、「海上警備隊の警察力をもって公海の上で漁船が外国から拿捕されるといった場合に抵抗する能力、権力があるか」と質した。

大橋大臣は、「政府の船が公海において自国の所属の船舶に対して警察権を行使することは国内法上可能である。外国の船に対して警察権を及ぼすことは原則的にはない」「海上警備隊の船舶が漁船の出漁を保護するということは、その存在によってそのような公海における不測の事態を予防することが大きな目的であり、今日までの経験からいうと、海上保安庁の船舶が現場に出動して保護している場合において、その面前で拿捕その他の不正行為が行われた事例は一回もないという状況である」「これらの経験から考えて同行して行くという事実それ自体によって、ある程度の目的を達し得ると思う。今まではそうした例はないが、将来において公海で海上保安庁の船が保護しているにもかかわらず、その面前で不法行為が行われている場合、そういう場合に如何なる権限を持つかということはこれはいろいろ問題があろうと思う。その場合は全く国際公法上、相手国に対して実力を行使する権限はない」「ただ強いて言えば、漁船の側に立って漁船を保護するという立場から必要な行動をとり、相手が不法な行為であった場合においてはこれを防止するための必要な措置をとるということは、正当防衛として認められる場合があろうかと考える。正当防衛以外の法律上の権限に基づいて保安庁所属の船舶が外国あるいは無国籍船舶に対して実力を行使することは考えられない」と答弁した。

松原は、「国際公法上、軍艦旗を掲げた軍艦でなければ他国の船が日本の船を拿捕する等の行為に対する抵抗はできないということになっているので、治安の維持という面から見ても、私はその軍隊なき治安の維持というものは不可能であろうと思う」「憲法の成立当時とは全然状態が違っているのに、あの当時に作った憲法の枠の中で非常に強引な無理をしている」として政府の答弁を求めた。

大橋大臣は、「憲法の改正については、独立したばかりの我が国として、戦争の記憶がまだ相当生々しく残っているこの時期に憲法の改正ということが果して国民の感情にぴったり来るかどうか、こういうことも一つの政治問題として考える必要がある。それからいよいよ再軍備をやるということになれば、非常に金のかかる仕事であって今日の財政事情からして政府が直ちにそういう決意をいたすということは財政面からも相当制約されるような状況である」「そこで政府としては、日本を守る最後の後楯として暫定的に米駐留軍の力を依頼するという趣旨で安全保障条約を結び、憲法の改正は現在の段階においては考えないという行き方をしているわけである。しかしながら、その範囲内においては、できるだけ治安維持上必要な措置をやって行きたい。即ち財政の許す程度において、又現在の憲法を改正せずとも許される程度において、その範囲内において治安維持の処置を講じて行きたい。こういう考え方が現在の警察予備隊なり、又海上警備隊というものになって来ているわけであり、又その考え方を継続して更に徹底したいというのがこの度の保安庁の立案の趣旨である」と説明した。

改進党の三好始は、同六月六日の参議院内閣委員会において、「憲法が交戦権を否認しているから特定の行動が戦争にはならないのだ、あるいは憲法が認めないからそれは戦争ではあり得ない、こういうふうに考えているとすれば、それは論理が逆立ちしておる」として政府の見解を質した。

高辻正己法務府法制意見第一局長は、「保安隊、警備隊にしても他国の侵略があった場合には、それは警察の任務途行上必要なものとして、犯罪の鎮圧というような責務として、警察目的として一種の自衛行動に見られるような行動がそこに事実として現出することはあり得るが、それが法的な戦争と言えるかどうかは、やはり一応の区別があるのではないかと考える」と答弁した。

三好は、「警察予備隊や保安隊等は、外敵が侵入して来た場合にこれに対抗することが予定されているが、それはあくまで警察の立場で、外敵が侵入して来ても国内治安を守るという立場で行動するのだ、だから憲法違反でないのだ、こういう論理を進めていくと、極めて強大な近代戦を遂行し得るような能力を持った警察を作って外敵が侵入して来ても国内治安維持の見地から警察行動としてこれに対抗するのだ、そういう事態に備えるために設けているのだという論理が成立する」として政府の見解を質した。

高辻法制意見第一局長は、「現在の警察予備隊なり、只今政府から提案になっている警備隊や保安隊というものは、外敵の直接の侵略を目指して設置されたものでない。警察というものがその任務を持って存在している以上は、如何なるものが如何なる程度においてにせよ一定の犯罪行為というものが国内で発生した場合には、それに対して警察目的の観点からこれを鎮圧することは当然であり、それがためにその装備なり編成なりが軍隊になったり、その行為が直ちに戦争になることにはならないのではないかと考えている」と答弁した。

三好は、「非常に強大な外敵に対抗し得る警察を持ってそれは国内治安に加えられた大きな侵害だからというので、外敵に対しても当然に対抗して差支えない、警察行動だから違憲でない、こういうことになると、それは自衛戦争と警察行動との限界がなくなってしまう、自衛軍と警察の限界も全然そこに認められない、こういうことになりはしないか」と政府の見解を質した。

大橋大臣は、「三好委員の結論されるようなことが理論上出て来るかも知れないが、憲法の第九条というものがある。即ち日本としては、外敵の侵入に対しては警察行動はとるけれども、戦争をするものではない、交戦権は否認している、こういう憲法が一方において現存している」「また、「戦力は保持しない」という憲法の規定が確立されているわけであって、その範囲において国内治安のために組織されるところの保安隊なり警察予備隊なりというものは、おのずから現憲法下の予備隊として実際上の面においてその装備なり、また力の強さなりというものには限度がある」「政府はそういう限度があるべきであるという考え方に立っているわけであり、質問のような無限に強大なところの装備の充実ということが行われれば、質問のような結論となるかも知れないが、現実には憲法の制約下においては、おのずから限界があると考えている」「憲法の限界を越えて警察のためといえども実力部隊を組織することは許されておらず、そうした程度の装備を持つことは現憲法下においてはあり得ない。したがって事実上侵略があった場合は日本みずからの手によって防衛することは不可能であるので、駐留軍の実力に依頼しなければならない」「その場合において警察力の範囲内において事実上相手方に対して行動に出るというのは当然あり得るし、その場合、その状態が相手国に対して日本が交戦権を行使しているということではないと考える」と答弁した。

改進党の三好始は、同六月七日の参議院内閣・地方行政連合委員会において、「外国から侵略を受けたものを排除する国の行為は、国内法秩序の問題であるか、国際法秩序の問題であるか、こういうことにもなって来るが、どんなに考えて見ても、外国から侵略を受けるということによって起こる法律関係は、国際法秩序の問題だと考えざるを得ない。これに対抗する行動は、国内法秩序の問題としての警察行動であるというふうに決めてしまうことは、非常にこじつけだと考えられる。やはり国際法秩序の問題としての軍事行動であると言わざるを得ないのではないか。たとえ警察官がこれに実際上当るとしても、それは警察官がやるから警察行動だというのではなくして、警察官の行う軍事行動であると言わざるを得ない」として政府の見解を質した。

大橋大臣は、「森羅万象を二つに分けて、この事柄については国際公法が適用になる、この事柄は国内法上の問題である、こういうふうに区別することは、実際上の問題としては適当ではない。即ち事実はすべて単なる事実であり、これを国際法上の視野から見た場合には、そこに一つの国際公法上の法律関係が成立するのであるし、同一の事実を国内法上の視野から見た場合には、そこに国内法上の一つの法律関係というものが成立して来る、こういうふうに法律関係を理解すべきものである」「したがって、外国軍隊の侵略というような一つの国際的事実でも、侵略された国の側から見ると、これに対して一つの国内法上の視野からする観察ということは当然可能であるわけであり、このように見た場合において、これに対処するその国の行動が一つの軍事行動にあらずして警察行動である、こういうふうに見るべきものである、又そういう場合もある、こう私は考えている」と答弁した。

三好は、「政府は外敵侵入に対して侵入軍の行動を国内法によって律しようとしている、侵入軍の行動を日本国内法の騒擾罪や殺人罪を適用しようとしているように受取れるが、これは常識的に言って果して第三者の納得を得られる論理であるかどうかということには甚だ疑問がある」と発言して質問を打ち切った。

改進党の松原一彦は、同六月一九日の参議院内閣委員会において、「自衛の戦力を持つという条件がなくては、アメリカから軍艦が来るはずはない」「保安庁法案による保安隊、警備隊は、たとえその形が小さくとも戦力である」「なお大橋長官や吉田首相は戦力でないというのか」と質した。

大橋大臣は、「日本側としては、憲法に従って戦力を持つという考えは全然ないわけであるから、日本側が戦力を持つことが条件になってこの貸与の申入れがあった場合には、日本側としてはこれを受取るということは不可能になるわけである。我々はあくまでもこれらの船舶は、戦力ではない日本の海上警備隊の機能のために使用できるということが前提となって貸与されるものと了解をしている次第である」と説明した。

松原は、「戦力でない軍艦などというものはあるはずはない。軍艦は戦力ではないのか」と質した。

大橋大臣は、「海上警備隊としては、フリゲート型船舶並びに小型船舶、これは軍艦として受取るつもりはないのであり、海上警備隊の所要船舶として受取りたいと思っている」と説明した。

松原は、「それは軍艦ではあるけれども、軍艦でないとして受け取るといったようなことは、どうしても常識では考えられない」「今度受け取る千五百トンのフリゲート艦は五千五百馬力あって、速力は十八ノット、武器は三インチ五〇口径砲三門、四十ミリ機関銃二門を備えている。これが軍艦でないと言っても、私は小型軍艦であると思うが、これは軍艦でないという何か定義があるのか」と質した。

大橋大臣は、「私どもは小型の警察船であると考えており、小型の軍艦とは考えていない」と答弁した。

松原は、「国民には警備隊だ、警察隊だと、こう思わせ、アメリカから見るときには、いかにも軍隊組織で、戦力の漸増、国防力の漸増という形をとらなければアメリカとの軍艦や武器の取引が公式にできないというのは矛盾した二面が現われているのではないか」と質した。

大橋大臣は、「日本が海軍を新たに持つことに対して必要な軍鑑を貸すということはアメリカも考えているはずはない。若しそういうことであるならば、特に今回の日本に対する船舶の貸付けに対して特別な立法措置がアメリカにおいて国内上必要ではなく、いわゆる武器貸与法に基づいて当然貸せられるものと思う」「日本側は憲法上軍備をしない。したがって軍備として借受けるのではなく、これは海上の警察力の増強のために借受けるのである。こういうことであるから、アメリカとしては特別な立法によって日本の警察予備隊の実体を了承して、これに貸付ける、こういうことになったものと思う」と答弁した。

緑風会の楠見義男は、同六月二一日の参議院内閣委員会において、「運輸省本来の任務である海上保安行政の任務が今度は海上公安局というものによって警備隊と一緒に保安庁に統合される」「運輸省としては相当重要だと考えられていた任務が、他の機構と一体として出ていく」として運輸大臣に説明を求めた。

村上運輸大臣は、「陸上における警察予備隊というものとは少しその本質が異っている。陸上の警察予備隊が出動する場合と海上警備隊の出動する場合とは、手続においてまた命令の発令者においても相当の相違がある。陸上の警察予備隊が発動するときには総理大臣の命令によって初めて発動する。現在の海上警備隊が発動して行く場合には、海上保安庁長官の命令によって発動して行くということになっている」「海上の治安維持について、また航路の安全保持について、運輸省としては大事な仕事であるという指摘であったが、これは全くその通りである。今回の機構改正では、航路の安全ということについては、灯台及び標識の維持管理、あるいは水路の調査であるとか、船舶の検査であるとか、船員の試験であるとか、こういった航海の安全を確保するということに必要のあることは殆んど運輸省に残ることになっている」「ただ水雷その他の掃海の仕事、これは航路の安全確保、航海の安全という仕事の一つではあるが、これが分れて総理府のほうに移るということになっている。また救難の事業、つまり海難救済の事柄は、灯台、標識、気象、これらは一種の予備行為と言うか、そういったようなものは運輸省に残ることになっている」「しかしながら実際において海難が生じた場合に発動して救済する、これは総理府のほうに移ることになっている。仕事の趣旨においてて非常に一貫しないではないかという批判や疑問が生ずると推察するが、実は現在の海上保安庁の仕事にしても、種々雑多な部門の仕事がここに統轄されているのである」「漁船の保護の仕事は本来農林省の所管である。密入国の取締りは外務省の所管である。密貿易の取締りは大蔵省の所管である。今日の海上保安庁が発動する場合のよるべき法令はもとよりそれらの農林省、外務省、大蔵省で検討をし、所管している法令によって海上保安庁は動いている」「こういう工合に種々雑多な仕事を包括的に現在の海上保安庁がやっているという理由は、全く設備から来るものである。若しこれを各所管系統、命令系統で個々に所管して処理して行くとするならば、パトロールにしても、また一旦事ある場合に出動する場合においても、それぞれ非常な船舶、人員その他の準備を要するのである」「今日の海上保安庁がいわゆるコースト・ガード・システムとして統轄してやっているという理由は全くこの設備の節約と言うか、この方面から来ている次第である。したがって、航海の安全業務のうちで水雷その他の掃海事業が切り離されて総理府へ移るということも、また救難事業のほとんど大部分が総理府に移るということも、船舶その他の設備の便宜から来ている」と答弁した。

楠見は、「私は、ひさしを貸して母屋を取られるという言葉を使っている」「海上警備隊は本来の運輸省の海上保安行政の従属体として誕生したものである」「行政機構の簡素化という今回の機構改革の狙い以外に他の狙いがなければおかしいのではないか」と質した。

村上運輸大臣は、「新機構において、海上警備隊が陸上の警察予備隊と並んでその本流をなすと言うか、現在の海上保安庁の本流がむしろ附属機関のごとく海上公安局というものになるのはおかしいではないかという話であるが、その点は非常に性格が変ったのではないかという意味に拝聴した。その点から言えば誠にごもっともだと思うが、大橋大臣からもあったように本質としては変わっていない」と答弁した。

改進党の三好始は、同六月二六日の参議院内閣委員会において、「海上公安局はむしろ運輸行政に関連する一環として運輸省の外局に置くという構想があり得るのではないか」「むしろこの軍隊的な性格を持った保安庁の附属機関にするよりはその方が筋が通りはしないか」として運輸大臣の見解を質した。

村上運輸大臣は、「航海の安全という業務と警備救難という業務に二大別できる。航海の安全という問題から言うと、今お説の通りだと思う。この航海の安全という業務の中から灯台、標識の管理維持や水路部の仕事を運輸省にとどめて、他を新たにできる保安庁に移して海上公安局ということに相成った次第である」「もともと現在の海上保安庁においても警備救難の仕事については勿論海難の救済というような仕事はお説の通りだと思うが、しかし一面において漁船の保護や密漁の取締りというような農林省関係の業務や、密入国の取締りというような外務省系統の仕事もある。更に密貿易の取締りというような大蔵省系統の仕事もある」「それぞれ関係大臣の名において公布されている法令に準拠して作業をやっているような次第であり、この米国式のコースト・ガードの建前をとった理由は、実はパトロールの設備、つまり船舶を幾通りにも持たなければならないのを一括して処理するという便宜主義と言うか、節約主義と言うか、設備の点から来ている次第である」「そういう観点から今日新たなる海上公安局の仕事にも多分運輸省で所管すべき仕事もあり、お説のような点も多分にあるが、今申し述べたように他の各省にも関係のものがある。ただ便宜上、保安庁に移すことが便宜であるという見地から新保安庁の外局として処理するということに相成った次第である」と答弁した。

改進党の三好始は、同七月二四日の参議院内閣委員会において、「保安庁法案によると、運輸行政と非常に密接な関連を持つべき仕事が運輸省を離れて総理府の外局の保安庁に移ることになる」として、「運輸行政の上から支障を来さないのか」と質した。

村上運輸大臣は、「海上警備隊の仕事は別として、従来からの海上保安庁の仕事は、航路安全業務と警備救難業務の二種類に大別されている。その中で海上の航路安全業務と救難業務は、これは大体において運輸省の業務と密接不可分にある。そのうちで特に密接な灯台は、運輸省に残すという原案になっている」「運輸省に密接な関係のあるその他の航路安全業務や救難業務も運輸省に残しておいたらいいではないか意見もあろうかと思うが、業務を残しても施設が伴わなければ業務を円滑に遂行できがたい。その施設の最も主なるものは船舶と通信の設備である。この船舶や通信施設が非常に足りないのである」「密入国の取締りは外務省の仕事であり、その準拠法規は外務省の立案したものである。この密入国の取締りも相当の船舶や通信施設を必要とする。また密貿易は大蔵省所管で大蔵省の立案になる法規によって仕事をするのである。これもまた相当の船舶や通信施設を必要とする。密漁についても同様である。また日本の漁船の保護についても同様である」「遺憾ながら現在の実情においては、特に船舶と通信施設が非常に欠乏している。このただでさえ不足しているものを四省の所管に分けることになれば仕事にならない。到底円滑な取締りを期待することができない。それで一省にして、最も関係の多い運輸省の外局として今日までやって来たような次第である。そうであるがゆえに、今回総理府に保安庁を設置するというのに際して、これらの業務を保安庁に持って行くことが妥当だと考えて原案ができたような次第である」と説明した。

ここで河井彌八委員長が、保安庁法案、海上公安局法案及び運輸省設置法の一部を改正する法律案について、各委員に質疑が終了したことの同意を求めた。委員からは異議はなく質疑は終了した。

当初、大橋大臣は、警備隊だけでなく海上保安庁全体を保安庁に移管させることを考えていた[356]。運輸省は、Y委員会において海上警備隊創設を計画中であったので、警備隊の分離独立はやむを得ないとしても海上保安庁まで手放す必要はないと強く反対した[357]。運輸省の反対で海上保安庁全体ではなく、警備隊だけが保安庁に移る方針となり、運輸省も渋々引き下がった[358]。海上保安庁全体の統合を退けたのは吉田総理の裁断だった[359]。

その後、大橋大臣は「船舶の能率的な運営」という見地から海上警備隊に加え、海上保安庁の警備救難部も併せて新機構に置くという考えを示した[360]。その前々日、村上運輸大臣は、船艇や人員の効率的な運用の観点から一箇所で処理することが適当であるとして移管に反対の姿勢を示していた[361]。大橋大臣と村上運輸大臣のどちらも船艇の効率的運用を理由として、一方は保安庁への統合を、もう一方は海上保安庁への存置を主張した。しかし、村上運輸大臣は、大橋大臣に押し切られる形で閣議当日には「警備救難の業務を是非とも運輸省が所管しなければならないと強く主張する理由も発見できない」として消極的賛成に態度を変えざるを得なかった[362]。

大橋大臣や旧海軍軍人側は、海上での警察事務を処理する警備救難部を保安庁に取り込めば、抵抗が根強い軍隊的色合いが薄まることに加え、警備救難部の船艇などの装備施設と人員が手に入れば、戦時や国家非常時に予備海軍的組織としての活用も考えられ、水路部や灯台部は必要に応じて管制下に置けば良いとして、海上保安庁全体の移行までは必要ないと考えたのだろう。一方、海上の安全確保を担う運輸省にとっては、水路部や灯台部も含めた海上保安庁全体の移行ではないにしても、組織縮小となる海上保安庁の解体と警備救難部の総理府への移管は承服できないものだっただろう。切羽詰まった運輸省だったが、このあと運輸省にとって最大の理解者とも言える運輸委員会は、所属する日本社会党の委員の賛同も得ながら、海上公安局法の施行延期に向けて働きかけを強めていった。

第四節　海上公安局法の未施行廃止

昭和二七（一九五二）年六月二六日の参議院運輸委員会において、与党の自由党所属の山縣勝見委員長は、海上保安機構改革の問題に関して各委員の所見を聞く懇談を設けたとし、その懇談結果を受けて、海上公安局に関して保安庁法案及び海上公安局法案の修正を提案した。商船会社出身で日本船主協会会長も務めたこともある運輸委員長の山縣は、海事行政に精通していた。山縣委員長は次の修正内容を提案した。

この両法案については根本的に修正をしてはどうかという意見もあるが、各般の点を勘案して、この際は一応両法案に関して、例えば保安庁法案については附則の第一項中、「昭和二十七年十月十五日から」の下に、「第四条中海上における警備救難の事務に係る部分、第六条第十三号及び第十五号並びに第二十七条の規定は、別に法律で定める日から」を加えて修正する。

また、附則第十項中「「警察予備隊の警察官」」とある下に、「第七十二条中「海上公安官若しくは海上公安官補」とあるのは、昭和二十七年七月一日から別に法律で定める日までの間は、「海上保安官若しくは海上保安官補」と」を加えることに修正をする。

海上公安局法案に関しては、附則第一項を「この法律は、別に法律で定める日から施行する。」というふうに別に法律で定める日までこの改正をこの部分に関して延期する。

山縣委員長は、修正の理由として、海上保安機構に関する政府原案には、主として次の二点について重大な問題があるとした。その一つは、海上に関する行政が運輸省と総理府に二つに分属しており、しかもその事務の分担の仕方は、運輸省は制度の企画、立案、法令の制定を受持っており、実施の事務は総理府、保安庁が受持つというような変態的な、しかも行政の混乱があるようなことになっているので行政責任の帰属が明らかでないという点であるとした。もう一つは、海上保安局は軍機構の一部であるという誤解を招く憂いもあるとし、その結果、警備救難のため行動する巡視艇が、外国から軍艦として拿捕される等の無用の摩擦を起すおそれがあるという点であるとした。これらの諸点を勘案して、その政府原案の実施の期日を遅らせて、内外の情勢を睨み合せて適当な日まで延期することとし、その間に再検討して法律の適正を期するのが適当であるというのが各委員の意見を聞いた上での山縣委員長の提案であった。

日本社会党の小泉秀吉は、この山縣委員長の法案の修正案について、「委員長発言の通りのことを委員長から強く内閣委員会に申出をしてもらいたい」と発言し、他の委員も異議なしであった。内閣委員会に運輸委員会から申し入れる時期及び案文の内容の点等については委員長一任となった。海上保安行政機構改革についての運輸委員会から内閣委員会への申し入れは、運輸委員長名により同六月二六日付けで行われた[363]。

同七月二四日、参議院運輸委員会から申し入れを受けた参議院内閣委員会では、各党から法案の修正案等について賛否を聴取した。

自由党の中川幸平は、上程された保安庁法案、海上公安局法案、運輸省設置法の一部を改正する法律案に対して、修正案並びにそのほかの原案に対して『賛成』の意を表明した。

日本社会党の波多野鼎は、法律案に『反対』の意見を述べた。波多野は、「保安庁法案並びに海上公安局法案については、軍隊的な機構を一歩前進させるものであることは疑いがない」「国民の常識からいっても、世界の常識からいっても、これは軍隊の子供である」「そういう意味において、憲法違反の疑いがあるという見地からこういうものの設置には反対である」「特に幕僚長、幕僚幹部といったような組織は、全く軍隊統制の機構を持ったもので、そういうところにも軍隊的な性格があることは明白なのである」「保安隊あるいは海上警備隊という新しく作られるものは、警察及び海上保安隊の補助機関であるべきであるが、本隊よりも大きな補助機関になりつつある。これは主客転倒している」「保安隊並びに海上警備隊が使用する武器の問題、この点について本予算委員会においては最後まで明確でない」「保安庁法案、海上公安局法案などについても、審議の過程を通じて不明確なところはたくさんある。これを国会を通じて明確にすることによって国民の支持を得るべきであるのに、その努力をしない」「私はこのような点を考えると、保安庁法案並びに海上公安局法案というものは、今の自由党内閣の専制的な秘密的な政治の結晶物である」として三案に反対した。

同じく日本社会党の成瀬幡治も『反対』の意見を述べた。成瀬は、「政府が警察予備隊や保安庁問題について正々堂々とやれないという点、何か隠してやっているということ自体がすでにもう憲法に違反している」

「何と答弁されようと、やはりこれは軍隊の役割を果すものである」として『反対』した。

改進党の三好始も『反対』の意見を述べた。三好は、「保安庁法案が必要であり、保安隊、警備隊が必要であると感じている人々は、外敵が侵入して来た場合、正当防衛として国家がこれに対抗し、あるいは国家機関たる保安隊、警備隊が出動しなければならないのは当然であるというような考え方を持っているのではないかと考えられる」「一般国民も外敵に対抗するのが当然である、保安隊、警備隊の行動も当然である、こういうふうに思っていると感じられる」「日本の憲法は国の交戦権を認めていない。したがって国家機関が国家の意思として外敵に対抗することは憲法上は不可能である」「これは憲法の命ずるところであり、法はたとえ悪法なりといえども無視することは許されない。それは改正を待ってのみ適用をやめることができる」と述べた。

その上で三好は、「保安庁法は憲法に違反し、憲法の秩序を破壊するものであって、法秩序の維持に任ずべきものが先ず出発点において最大の法秩序破壊を侵している」として、法案に反対する第一の理由を挙げた。三好は、法案に反対する第二の理由として、「保安隊、警備隊の装備が米軍の貸与に待つものであり、国内の治安の維持、国家自衛の手段が自主的に決定されていない」「独立国の名に値するかどうかに疑問を持たざるを得ない」「しかも貸与条件は未定で、貸与に関する国内法上の手続すら未だ明確になっていない」ことを挙げた。さらに三好は、反対の第三の理由として、「保安庁法の規定が極めて弾力性のある表現に終始し、しかも重要な具体的内容を政令又は総理府令に委任しているために、部隊の組織、編成、装備、訓練機関等から始まって、その実体と行動の内容を予測することが困難であり、国会の監督を不十分にし、民主政治に反する」という点を挙げた。討論の終わりに三好は、本委員会において議決すべきものではなく、未定の諸問題が明らかになるまで決定を延ばすべきであるとして、継続審議の動議を提出したが、賛成者少数で否決された。

与党の自由党は法案に『賛成』の姿勢を示したが、野党の日本社会党と改進党は『反対』にまわった。河井彌八委員長は、修正案の採決を行い、賛成者多数で法案は議決された。委員長の河井を除く一四名の委員のうち賛成者は、自由党の鈴木直人、中川幸平、岡田信次、郡祐一、愛知揆一、栗栖赳夫、緑風会の竹下豊次、楠見義男の八名であった。日本社会党の江田三郎、上條愛一、波多野鼎、成瀬幡治、改進党の松原一彦、三好始の六名は法案に反対した。与党の自由党は当然としても緑風会に所属する参議院議員も法案に賛成した。参議院では与党自由党は過半数を確保しておらず、緑風会の賛成が得られなければ、法案を議決することはできなかった。

内閣委員会で法案が議決されたことについて、同七月二六日の参議院運輸委員会において山縣勝見委員長は、保安庁法案及び海上公安局法案について、「保安庁法案及び海上公安局法案の関係については、当委員会としては、海上公安局法案第一条の所管の事務は当分の間現在の機構において処理されることを適当と認めて、そのために保安庁法案第二十条の規定の施行を当分の間、延期することを申入れた」「これに対して、内閣委員会の決定、本会議で決定された点は、第一に、別に法律で定める日まで海上公安局の設置を延期すること。第二に、別に法律で定める日まで運輸省設置法の一部を改正する法律案中、水路部、灯台局に関する部分の施行を延期することになった」と説明した。保安庁法案と海上公安局法案は、参議院運輸委員会から内閣委員会に申入れた趣旨に沿って決定された。

参議院内閣委員会が運輸委員会の法案修正の申し入れを受けて、法案を不完全ながらも議決できたのは何故だろうか。

参議院内閣委員会での質疑では、緑風会の楠見義男が「ひさしを貸して母屋を取られる」として海上公安局の設置に疑問を呈した[364]。楠見のほかに、緑風会に所属する岡本愛祐も組織のあり方に批判的な姿勢を見せた[365]。衆議院とは異なり参議院では、自由党が過半数を確保できておらず、緑風会に配慮せざるを得なかった[366]。緑風会の協力取り付けが法案成立の絶対条件だった。第三次吉田内閣では、緑風会の高瀬荘太郎が文部大臣に、赤木正雄が建設政務次官に、宿谷栄一が労働政務次官に就いた[367]。ただし、入閣はあくまで個人の資格であり[368]、緑風会が与党化して連立内閣となったわけではなかったものの、与党の自由党は、緊急かつ最重要の保安庁の設置については容認してもらうが、海上公安局法の施行は見送るという政治的妥協を緑風会との間で行ったと思われる。

同七月二四日、緑風会の河井彌八[369]が委員長を務める内閣委員会において、与党の自由党と緑風会の賛成により運輸委員会の申し入れを反映した修正案が議決された。この後、海上公安局法案は保安庁法案とともに参議院本会議に回されて、同七月三一日に可決成立した。海上公安局の設置は、参議院運輸委員会が海上保安庁の解体と保安庁への警備救難部の統合に強く反対したことや国会対策上の理由などもあって、別に法律で定める日まで延期された。この成り行きに対し、吉田総理は「漸進的にやろう」と至極あきらめのよい感想を漏らし、真意を見せなかった[370]。

しかし、旧軍人側はその後も統合を主張した。昭和二九（一九五四）年四月六日の衆議院内閣委員会において、辻政信委員は海上保安庁の警備救難部を海上自衛隊とともに防衛庁に置くことを主張した。辻は旧陸軍参謀であった[371]。辻は、「海上自衛隊と海上保安庁の関係。この海上保安庁と海上自衛隊というものは、平戦両時の行動、任務において共通した点が非常に多いのであります。灯台部とか水路部は別でありますが、ことに警備救難部というものは平時における海上自衛隊と全く同じ任務をやるのであります。でありますから昨日の委員会においても、その道の専門家の大久保君がこういうふうに述べられている。すなわち戦時に防衛庁長官が海上保安庁を指揮なさるときには、任務と行動は同一であるから同一の待遇をせよということをはっきり述べておられる。それは裏返しにするというと、この警備救難部と海上自衛隊というものは平時においても一本に統合すべきだ、こういうことになるのであります。これを今度遠慮されて、戦時だけ統制するように決めておりますが、一番必要な問題は、日本の軍備というものは、戦争がないときは、戦力をもって平時の役に立つものにしておけということです。この国力の少ないものが、戦時のときだけ必要なものでは役に立たないのであります。陸上自衛隊は平時の場合は開発と生産をやれ、海上自衛隊は海上の救護、監視、取締り、保護をやれと、平時においても無駄のないような防衛をつくらぬというと、戦時だけ必要なものは、これは国民から遊離したものであって不生産的なものであります。そういう面から見るというと、この海上自衛隊の中には絶対的に警備救難部をお入れなさい。無駄をやっております」と政府の見解を質した。

木村篤太郎担当大臣は、「海上保安庁の任務は、とにかく普段の海岸の警備をやっているわけであります。海上自衛隊においては、これは日本の防衛の方面の任務をやるわけであります。そこに主目的が違っております。今お説の、自衛隊の方も普段は警備の任に就かせたらどうか、これは当然であります。これはやらなければならぬと思っております。しかし任務、行動は非常に違いますので、その訓練状態が著しく差があるのであります。これに同一の訓練を施すということは致しかねると考えております。一本にしてしまえばいいじゃないか、同じ訓練をやらせればいいじゃないかという御意見もありますが、これは私は二つにしておく方が経済的にも、また事ある場合においても妥当じゃなかろうかと考えております」と答弁した。

辻はこの答弁に納得せず、「昨日の委員会において、大久保委員が専門家の立場から戦時統制する際には、海上保安庁というものは海上自衛隊と任務行動は同一である、こう述べた。（中略）そこで私は同じものであるならば平戦両時を通じて一本にしなさい。普段、海上保安庁は、現在警察的な任務を持っている。水路の問題、灯台の問題、これを持っておりますから、これらのものは運輸省にくっつけてしまう、そうして警備救難部というあの海上保安庁の主体というものは、これは平時における海軍の任務をやっている。李承晩ラインの警備、竹島の警備。これは同じものです。そういう意味において将来本当にお考えにならぬと不経済です」と発言し、施行が延期された海上公安局法の内容の履行を求めた。

ここで自身の発言を引用された大久保武雄は、「戦時に関しまして辻委員が御発言になりました点は、まさにその通りであります。ただ私は平時におきます海上保安庁の任務は、私は必ずしも海上自衛隊と同様ではないと考えます。私は海上保安庁の任務は海上における人命の救助と海上における航海の安全を図り、そうして日本の周囲の海上の警察権を行使する、こういうところに任務があるのでありまして、この点は自衛隊の任務とは私は違っていると考えております。そこで戦争中は、私は昨日も質問いたしましたように、前線後方の区別はない。木村長官は、海上保安庁は後方に置いておくから幾らか違うのではないか、こういうお話がありましたけれども、私は現在の近代戦において—昔の戦争なら違いますが、近代戦において前線後方の違いはないと私は考えております。そこで、もちろん直接担当している任務は幾分違った点が出て来るかもしれませんが、私は戦時における国の防衛という任務に海上保安庁が協力する場合においては、近代戦においては前線後方の違いはないと考えております。そこで私は防衛庁長官が海上保安庁をその指揮下に置かれた場合におきましては、私はそこに海上自衛隊と海上保安庁の職員とを何ら区別する必要はないと思う。ただ平時におきましては、私は海上保安庁はその訓練をする建前におきましても、あるいはその本来の持っている職能におきましても、使命におきましても、私は海上自衛隊とはおのずから違う一線があると考えておるのであります。近代戦におきましては、私は海上保安庁が、総合戦力を形づくる海上自衛隊を補佐する、一つの機関として、これに協力することは当然であろうと考えております。平時の行政機構において海上自衛隊に海上保安庁を統合する方がいいかどうかということにつきましては、私は辻委員と遺憾ながら意見が違いまして、私は反対であります。何となれば、昔の軍隊におきましては、軍人、軍犬、軍馬、軍鳩、軍属、こういう言葉がありました。私は海上保安庁が平生自衛隊に所属しておって、そうして自衛隊の任務とやや違う仕事をやって、これが別な扱いにもしなるとしましたら、これは大変なことである。海上保安庁は海上の安全を守るべき崇高な任務を持っている。これはそれ自体、海上において灯台を守り、あるいは海底を測り、あるいは難破船を救い、あるいは密貿船を取締る、こういう任務を持っております。論語でしたか、君子は和して同せず、小人は同じて和せず。同じ機構におっても小人は和せない。性格の相違です。君子は和して同せず。違う場所におっても、いざという場合においては和せる。これが私は近代の総合戦略の根本だろうと思うのです」と発言した。

大久保は、海上自衛隊と海上保安庁とでは、『訓練』『機能』『使命』の点で異なるとして統合に反対した。そして、統合しなくても戦時において、海上保安庁が海上自衛隊を補佐し協力することはできるとした。この際、大久保は海上保安庁の軍隊的機能を否定した海上保安庁法第二五条の問題について触れることはなかったが、初代海上保安庁長官の大久保の発言は、海上保安庁側の考えを代弁したものだったのだろう。

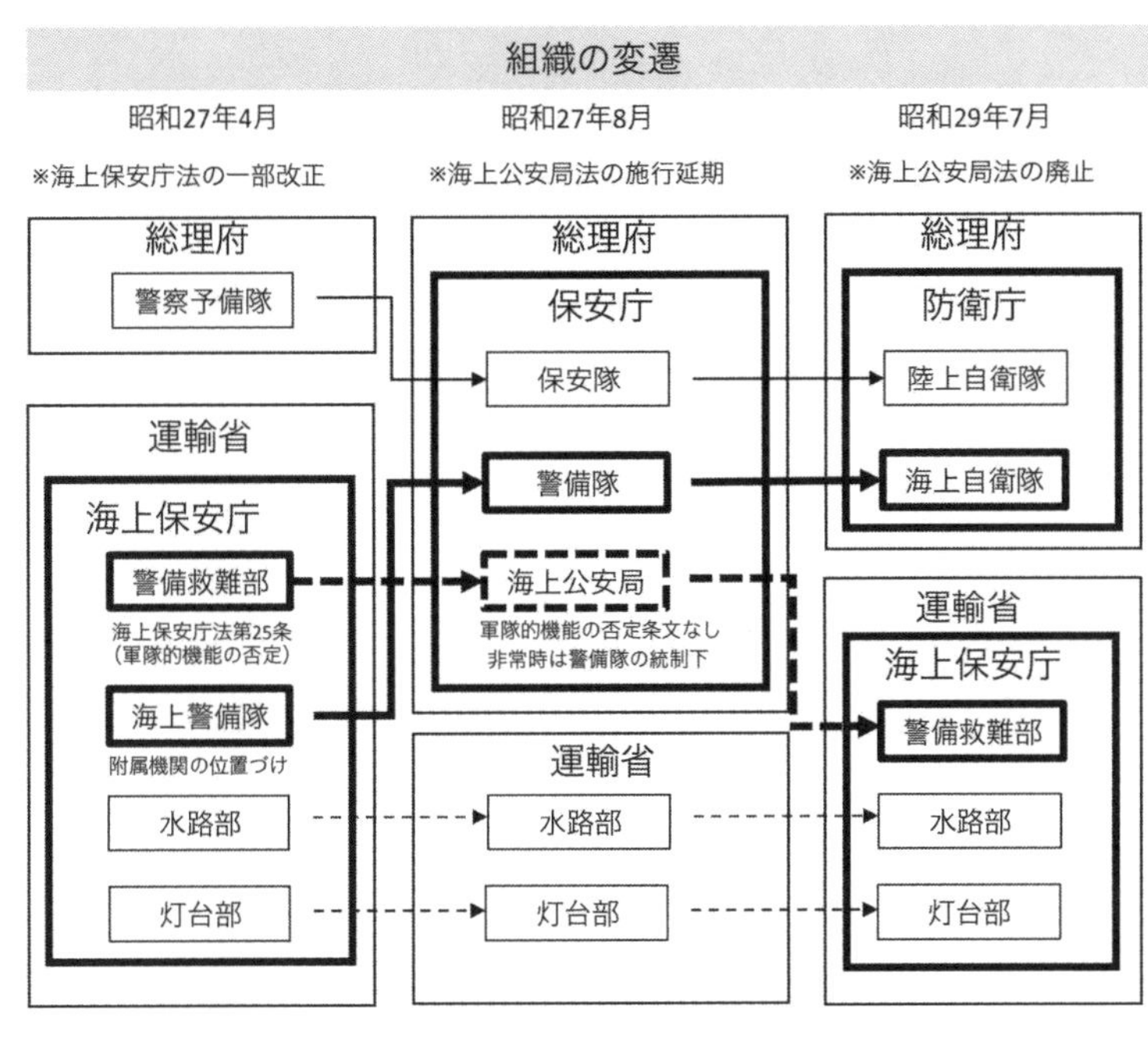

海上保安庁の警備救難部を自衛隊組織に統合しようとする旧軍側の抵抗は最後まで続いたが、保安庁法を全部改正した防衛庁設置法が昭和二九（一九五四）年七月に施行されることに伴って、海上公安局法は施行されることなく廃止された。

海上保安庁長官であった柳沢米吉は、海上公安局法の廃止に至るまでのことについて、「増員の内容も極力公平に、旧海軍色のないよう指示した。これで、今後どうなろうとも旧海軍の復活の匂いはなくなると思っていたが、引き続き、海上警備隊を独立させ、陸上の警察予備隊を合わせた保安庁を作ることに進んだ。（中略）第二幕僚監部の設置が決まり、人事も私の思うようになり、国民も安心する方向に向かった。しかし海上保安庁は、ひと頃保安庁の外局となるような羽目に置かされたが、運輸省の力で未然に運輸省に帰って来たのである。さて、保安庁設立が決まって海上警備隊が出て行ったため、海上保安庁長官は次官会議から席をなくされてしまった。しかし、海上保安庁としては子供をひとり生んだようなもので、旧海軍の思いどおりになったようであるが、実は設立の趣旨から人事面まで私たちの考えているように行ったと思っている」と回想した[372]。

第五節　李承晩ラインと海上公安局法

前節のとおり、旧陸軍参謀の辻政信は李承晩ラインに言及したが、海上保安庁を解体し、予備海軍的な組織化を図ろうとした海上公安局法の施行延期と廃止は、李承晩ラインと関係するのだろうか。海上公安局法の成立と廃止の国会審議と同時期に惹起した李承晩ラインの問題は、昭和四〇（一九六五）年一二月の日韓漁業協定の発効により、それが撤廃されるまで続いた。その経過を確認したい。

戦後、日本漁船の操業は、ＧＨＱ指令のいわゆるマッカーサー・ラインにより、その区域が制限されていたが、平和条約が発効し日本が主権を回復すれば、ＧＨＱ指令は無効となり、日本漁船が自由に漁業を行うことができることになっていた。しかし、平和条約の発効を前にした昭和二七（一九五二）年一月一八日、韓国の李承晩大統領は、韓国水産業の保護を目的とした「海洋主権宣言」を発し、竹島の周辺水域も取り込む、いわゆる李承晩ラインを設定し、同水域内の漁業管轄権を一方的に主張した。李承晩ラインに対する日本政府の立場は、公海自由の原則を破壊するものであるとして承認しないというものであり[373]、日本政府は、韓国政府に対して抗議を重ねたが、韓国政府は反発し、逆に日本政府を批判した。

昭和二八（一九五三）年五月には、竹島に韓国漁民が上陸してアワビ等を採取しているのを島根県水産

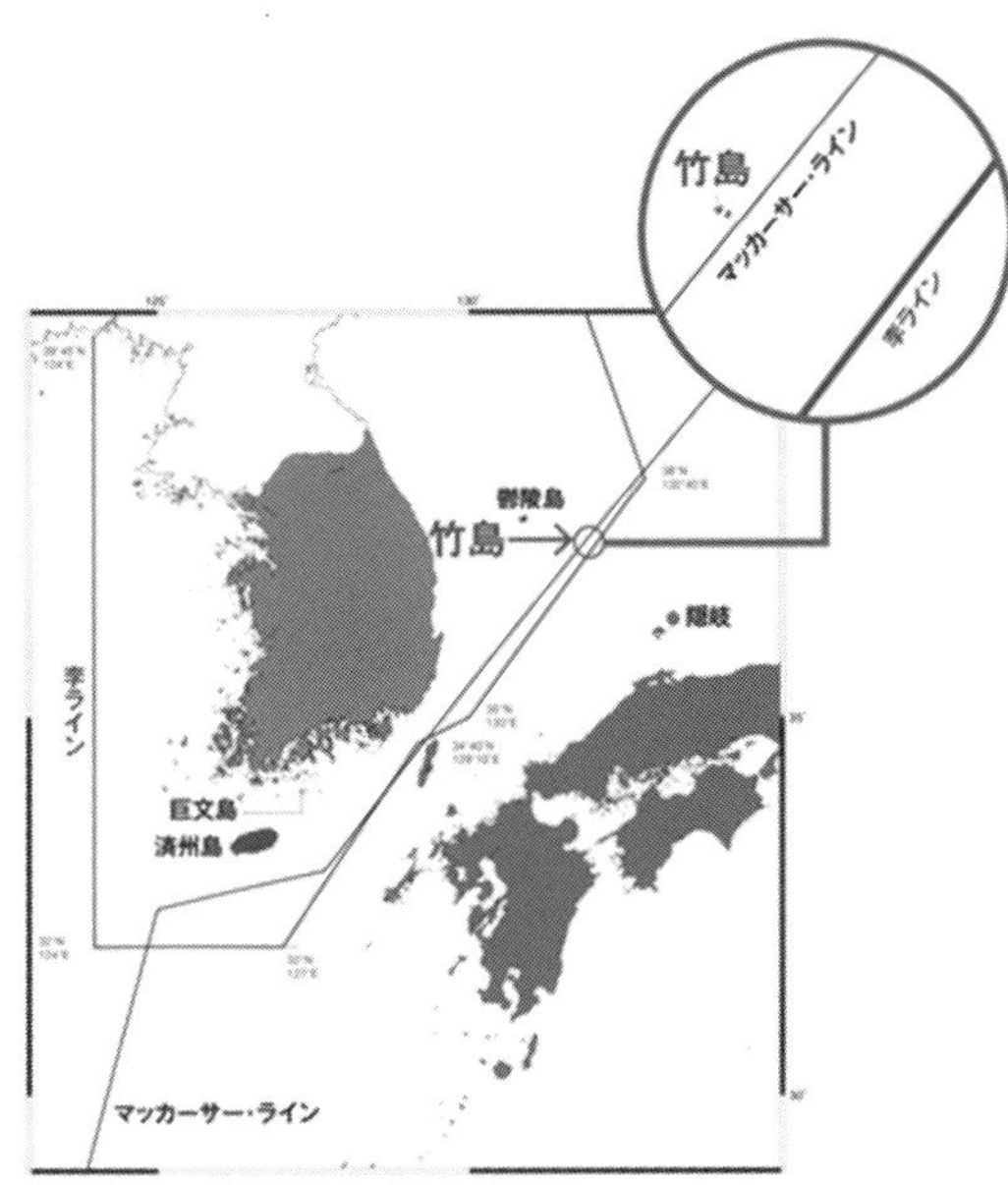

出所：内閣官房ホームページ

漁船のだ捕防止を行う巡視船（李ラインが設置された頃）

出所：海上保安レポート2003

試験船「島根丸」により初めて確認された。昭和二八（一九五三）年六月、海上保安庁では関係省庁とも協議して「竹島周辺海域の密航密漁取締りの強化」を決定し、海上保安庁の巡視船「おき」「くずりゅう」により第一次の竹島取締りを実施し、竹島に標柱を設置して韓国人六名に退去勧告を行った[374]。しかし、昭和二八（一九五三）年七月には標柱の撤去が確認され、その帰船の際に韓国側から突然銃撃を受けた。この時の詳細は次のとおりである[375]。竹島の調査に赴いた境海上保安部の巡視船「へくら」は、同一二日午前五時過ぎに現地に到着し調査したところ、韓国人約四〇人（うち警察官七名）、漁船三隻等を認めるとともに、日本側が設置した標柱が撤去されていることを確認した。同六時過ぎに鬱陵島警察局所属の韓国官憲四名と通訳二名がへくらを訪問し、竹島は韓国の領土であることを表明したが、日本側はこれを拒否し竹島は日本領土であることを通告して下船させた。この後、へくらは竹島を一周し、調査目的を達したので出発しようとしたところ、後方の西島の小高い地点、へくらから七〇〇メートルほどの距離から十数発の発砲を受け、人命に異状はなかったが、ボート及び後部左舷に二発命中した。韓国漁船には小銃二丁が搭載され、警察官はピストルを携帯していた。この銃撃事件前の同七月八日、韓国の議会は、韓国政府に対し、日本政府の韓国領侵犯に抗議するよう要求する決議を満場一致で採択し、さらに同一〇日には韓国海軍当局が竹島に砲艦を派遣すると発表するなど強硬な態度を示していた。

昭和二九（一九五四）年二月には李承晩ラインを哨戒中の海上保安庁の巡視船「さど」が韓国警備艇らしきものを発見したので警戒接触中に突然銃撃を受けて停船を命じられた。さどの付近には日本漁船二隻が操業中であったので、これを保護するため、あえて退避せず、相手船と直接折衝を行うため停船のうえ接舷し、会談を行ったが、李承晩ラインの侵犯と公務執行妨害を理由にだ捕を通告された。付近を哨戒中の巡視船「くさかき」は現場に急行し、信号等により釈放交渉を行ったが、銃撃を受けるに至ったのでやむなく現場から離脱した。さどは済州邑まで連行され、入港後、乗組員は船内に軟禁されたが、同日夜に船体と乗組員は釈放された[376]。昭和二九（一九五四）年六月には韓国内務部が沿岸警備隊の駐留部隊を派遣したと発表し、その翌七月には韓国警備隊関係と思われる韓国人を確認した[377]。昭和二九（一九五四）年八月には海上保安庁の巡視船「おき」が竹島から約七〇〇メートルまで接近したところ、約四〇〇発の小銃の銃撃を受けて被弾した。人命に異状はなかったが、かなりの数の弾丸が船橋に命中し見張員の頭上を通過した。おきは射程外の位置まで退避し、調査を続行したところ、島上に灯台らしきものを確認した[378]。昭和二九（一九五四）年九月には日本側が国際司法裁判所への付託を提議したが、韓国側はこれを拒否した。同年一一月には海上保安庁の巡視船「おき」「へくら」が竹島周辺を調査中、へくらが突然砲撃を受けた。砲弾は命中せず被害は生じなかったが、その際、島上に無線柱、警備員の存在、韓国旗の掲揚を確認した[379]。

海上保安庁の巡視船は、昭和二八（一九五三）年一一月から順次、武器の装備を進めた。海上保安庁では、海上における犯罪の予防及び鎮圧その他の所掌事務を遂行するためには、海上の特殊性からみて巡視船に武器を装備する必要があるとの理由から、アメリカから武器を借用することになり、同年一一月に第一回分として三インチ（七六ミリ）砲一〇門、四〇ミリ砲九門、二〇ミリ機銃一一門を受領し、二九年度と三〇年度にも多数の武器を受領した[380]。

一方、昭和二八（一九五三）年六月に海上保安庁は、「日韓会談開催中であり、また相手側の報復措置すなわち艦艇派遣による実力の行使あるいは朝鮮海域出漁中の日本漁船のだ捕等が予想されるので、相手側との紛争はできるだけ避けることとした。また同島の領海三海里以内に韓国漁船を発見した場合あるいは同島に上陸している韓国人を発見した場合は、出入国管理令又は漁業関係法令違反として、司法処分とすることなく退去を勧告してこれを退去させる措置を講じる」という取締方針を担当の第八管区海上保安本部に通知した[381]。また、昭和二九（一九五四）年八月の巡視船「おき」被銃撃事件の後、海上保安庁では、関係省庁と協議し、実力による対抗手段は避けて、外交交渉により平和的解決を図るという基本方針で対処することになった[382]。吉田は、李承晩ラインの設定に伴う日本漁船の保護について、外交交渉により平和的解決を図ることを第一とし、現場での対処は非常に慎重な姿勢で臨んだ。続く鳩山内閣においても、昭和三〇（一九五五）年一二月には、朝鮮半島周辺海域の哨戒において、武器を搭載した海上保安庁の巡視船がだ捕防止に当たることは、相手を刺激するなど、むしろ悪影響があるとして、巡視船から砲（銃）身部を取り外して行動することになった[383]。

このように吉田以降の日本政府は、李承晩ラインの設定に伴う日本漁船の保護について、外交交渉により平和的解決を図ることを第一として、現場での対処については非常に慎重な姿勢で対応した。

国会審議では、李承晩ラインの問題に対する警備隊（後の海上自衛隊）の出動が議論された。政府は、「第一次責任官庁は海上保安庁である」「海上保安庁で措置がしきれない特別の必要がある場合に保安庁の警備隊が出て行く」として海上保安庁による対応を強調した[384]。

一方、野党は、政府の説明に納得せず、警備隊で対応した場合の問題点を追求した。改進党の高岡大輔は、アメリカから供与されるフリゲート艦で対応した場合、「先方から撃って来た場合に応戦をすることが現実としてあり得る」「そうした事態が起きた場合には日本が朝鮮戦線に参加したことを意味し、日本の国土は直ちに空襲される危険が生れて来る」「船舶をアメリカから借りていれば、アメリカも加わっているという解釈もあり得る」として、戦争の惹起とアメリカを巻き込む危険性を政府に質した。増原恵吉保安庁次長は、「警備隊の任務は、海上における治安の維持、海岸警備等であるので、紛争を直接警備隊の力で解決するという方向にはならない」「警備隊の取るべき措置は退避をして、外交折衝等によって処理をつけるべき」「警備隊の使命から考えると、不法にだ捕された事実を警備船が確認して、その事実に基づき外交交渉を行うという手段になる」と答弁した[385]。警備隊を指揮する木村篤太郎保安庁長官も、「事態が仮に起っても発砲させない」[386]「警備隊の出動は最後の手段である。それまでにあらゆる平和的な解決手段を講じたい」と答弁し、警備隊の出動に極めて消極的な姿勢を示した[387]。

日本政府は、李承晩ラインの問題については、あくまでも外交的解決を図ることを目指し、警備隊はこの問題に直接対応せず、武器も使用しない考えを示したが、こうした政府の姿勢について、鳩山自由党の小高熹郎は、「非常に軟弱で卑屈な外交を国民が非常に憤慨している」と政府の姿勢を批判したが、下田武三外務省条約局長は、「竹島に韓国人が来て漁業や海産物の採取をやることは日本領土に対する不法入国の問題であり、取締りの警察権を発動して一向かまわない」「日本の漁業者の利益が侵害されることを防止するために、巡視船を派遣してその侵害を排除することも法律上は一向差し支えない」と述べる一方で、「ただ、竹島問題全体の国際紛争を解決するために武力を用いることは憲法が禁じている」とし、「国際的紛争の解決手段としては、あくまでも平和的な手段によるべきである」と強調した[388]。小高は後日の外務委員会でも質問に立ち、「日本は、日本の領土なりとして主権を主張しているのだから、時間を取るのが良いということは言っていられぬ、安閑を許さぬ」として、竹島を巡る政府の対応を疑問視した[389]。しかし、政府は警備隊の出動について、「警備行動を起すのは非常に重大な問題で及ぼす影響が非常に大きい」「海上保安庁の場合とは大分違うので慎重に情勢を考慮する」として、武力の行使を伴いかねない警備隊の出動について、憲法第九条との兼ね合いから、極めて慎重な姿勢を崩すことはなかった[390]。吉田内閣は、李承晩ラインによる竹島の問題は、あくまでも海上保安庁が警察権を行使して対処する考えであった。

アメリカは、李承晩ラインの設定後間もない、昭和二七（一九五二）年二月には韓国政府に対し、李承晩ラインを認めることができないと通告した。しかし、アメリカは竹島を巡る領土紛争について日韓のどちらかに肩入れすることはなかった。アメリカは、日本との間では昭和二六（一九五一）年九月に安全保障条約を、韓国との間では昭和二八（一九五三）年一〇月に米韓相互防衛条約を締結し、朝鮮戦争の問題も抱えていたからである。米韓相互防衛条約は、朝鮮戦争の休戦協定成立直後に結ばれたもので、武力攻撃に対して米韓が共同行動を取ることを目的としていた。朝鮮戦争の休戦を公約に掲げたアイゼンハワー政権は、朝鮮戦争の休戦に向かって動き出していたが、北進統一を掲げた韓国にとっては受け入れ難いものであり、李承晩は休戦協定に協調する代わりに、アメリカとの相互防衛条約を要求するに至った[391]。李承晩は、主権を回復した日本が韓国に対する攻撃的意図を示しているとした上で、アメリカが日本の再浮上に対して韓国の安全を保障しないのであれば、韓国は日本の従属国の地位に転落すると主張した[392]。李承晩は米韓相互防衛条約を共産主義の脅威だけではなく、日本の将来の侵略可能性に対する安全保障として位置付けた[393]。

一方、日米安全保障条約では、アメリカの軍隊は、外部からの武力攻撃に対する日本国の安全に寄与するために使用することができることとなっていた。昭和二七（一九五二）年七月には、日米合同委員会で竹島が在日米軍の爆撃訓練区域に指定されたが、翌年の三月にはその指定解除が決定した。吉田内閣時の指定解除の決定は、韓国を無用に刺激することを避けるためであったのだろうし、それは日本と韓国の板挟みになって対応に苦慮していたアメリカの意にも沿うものでもあったであろう。

日米安全保障条約について岡崎勝男外務大臣は、「日米安全保障条約でいう日本の安全は、直接侵略、間接侵略、若しくはそれに関連するような事項である。全体から見て韓国が日本の安全を危うくするような考えをもっているとは到底考えられない」「一つの島の帰属の問題を争わっても日本の安全を直接なり間接なりの侵略等に関連する問題とは今の実情からは考えていない」と答弁した[394]。また、下田武三外務省条約局長も、「国家機関である韓国の海軍艦艇が入って来た場合は警察取締りの対象である不法入国の問題ではなく、領域侵犯の問題である」としつつ、「領域の侵犯と侵略（aggression）とは区別があるのではないか」と述べ、韓国軍艦が出てきた場合でも侵略と直ちに認定できないのではないかとの認識を示した。さらに下田は、「竹島のような無人島ではなく、都市や工場もある所に入ったら、まさに侵略であり、そのような侵略に対しては、安全保障条約なり、相互援助条約なりの適用の問題が発生するが、竹島等で撃合いが起っても、直ちにこれを侵略であるとして、条約の援用をするという段階にまでは、相当の距離がある」とも述べた[395]。

当時の吉田内閣は、竹島の問題について、竹島で日韓がお互いに発砲するような事態に至っても侵略と直ちに認定することはできないとの認識を示し、日米安全保障条約に基づくアメリカ軍の出動要請を否定した。吉田内閣は非常に抑制的な姿勢を堅持した。この国会答弁の約一年後、実力による対抗手段は避けて、外交交渉により平和的解決を図るという基本方針を策定したのも吉田内閣であり、その翌年に、相手を刺激するなどの理由で、海上保安庁の巡視船から砲（銃）身部を取り外して行動するようにしたのは吉田内閣の方針を継承した鳩山内閣の時であった。

李承晩ラインが設定されたわずか六日後の昭和二七（一九五二）年一月二四日、海上保安庁を運輸省から警察予備隊（後の陸上自衛隊）と同じ新組織に移管する組織改革の新聞報道がなされ、この報道を契機に国会論戦が始まる。同五月一〇日には保安庁法案が、同五月一二日には海上公安局法案が国会に提出されるも、野党は憲法第九条の問題を中心に、与党を厳しく追求し審議は紛糾した。保安庁法は成立し施行されたが、運輸省及び運輸委員会の反対が強かった海上公安局法は成立したものの、その施行は延期され、防衛庁設置法と自衛隊法の施行により海上自衛隊が発足すると同時に廃止となった。

吉田は、アメリカ極東海軍と歩調を合わせた旧海軍軍人の意見を取り入れて、保安庁法とともに海上公安局法の施行を目指した。しかし、主権回復を前にして、李承晩ラインの設定に伴う竹島問題に直面した。国会では、海上公安局法は廃止され、海上保安庁は解体されずに、海上保安庁法第二五条に基づく非軍隊の警察機関として存続することになった。李承晩ラインの設定による竹島周辺等の警備は、引き続き海上保安庁が対処した。非軍隊の海上保安庁が対処することは、武力によらず外交交渉等の平和的解決を目指した吉田内閣の方針に沿うもので、かつ改進党の高岡が指摘したとおり、警備隊がアメリカから供与されたフリゲート艦で対処しないことはアメリカを竹島問題に巻き込まないという点でも意味があったであろう。当時は、軍隊や戦争に対する国民のアレルギーが強く、国内世論を背景に野党の政権批判も激しく、軍隊復活を想起させるような法案成立は容易ではなかった。また、日米安保条約と米韓相互防衛条約を結んでいたアメリカは、竹島の問題について日韓双方の板挟みにあっていた。さらに、アメリカから促されて始まった日韓国交正常化交渉は、予備会談を経て、李承晩ラインの宣言の約一ヶ月後に第一次会談が行われたが、請求権の問題をはじめ日韓で解決すべき課題が山積していた。このように吉田を取り巻く国内外の情勢は非常に厳しかった。

吉田は、海上保安庁を用いて竹島問題に対応した。この吉田の対応は、国内外の諸事情を冷静に見据えたもので、吉田の徹底したリアリストの側面が現れたものであった。旧海軍軍人が目指した海上保安庁も取り込む海軍再建構想は、海上公安局法の廃止によって未完に終わった。しかし、吉田は、海上公安局法の施行に強いこだわりを見せなかった。これは吉田が李承晩ラインの設定に伴う竹島問題への対処を念頭に置いていたからではないだろうか。海上公安局法の廃止により、軍隊的機能を否定された海上保安庁が存続することになったことは、結果として、吉田がいわゆる吉田路線を進める上で極めて好都合であったと言える。

第七章

海上自衛隊と海上保安庁

第一節　防衛庁・自衛隊の設置

昭和二〇（一九四五）年八月、日本はポツダム宣言を受諾し、その諸条件を履行することとなった。その後、日本は連合国軍による占領の下、旧陸海軍を解体し、再建と主権の回復にむけて努力を続けていった。一方で、米ソなどの東西冷戦の顕在化、朝鮮半島の分断、中国とソ連の友好同盟相互援助条約の締結などを背景とし、昭和二五（一九五〇）年に朝鮮戦争が勃発した。これに伴い、在日米軍の主力が国連軍として朝鮮半島に展開する事態となったことから、国内の治安維持を図るため、政府は、同年八月警察予備隊を創設した。昭和二六（一九五一）年には、対日講和条約と日米安全保障条約が調印され、昭和二七（一九五二）年四月二八日、日本は主権を回復し、独立国家として国際社会に復帰した。しかし、自国の防衛については、日米安保条約により米国軍隊の駐留を認め、直接侵略に対する防衛は米軍に依存することとした。

主権を回復してから約三か月後の同八月、警察予備隊と海上警備隊（同四月に海上保安庁の組織として発足）をあわせて保安庁が設置したが、これも国内の治安維持のため一般警察力を補うことがその目的であり、日本の防衛を担当する組織を確立するには至らなかった。保安庁の設置に関する当初の政府案では、警察予備隊と海上警備隊のほかに、海上保安庁の警備救難部も海上公安局として統合することとなっていたが、運輸省及び参議院運輸委員会の強い反対に遭遇し、野党の賛同も得て海上公安局の設置は別に法律で定める日まで延期された。

昭和二八（一九五三）年五月に、米国が、日本に対し相互安全保障法（MSA:Mutual Security Act）に基づく経済援助、武器援助を考慮していることが明らかになった。ＭＳＡは、従来さまざまな立法によって行われていた経済・軍事援助を一本化し、アメリカの援助受入国に対して自国及び自由世界の防衛のための努力を義務づけた法律であり、一九五〇年代のアメリカの世界戦略を担っていた。日本政府はこのMSAの受け入れを決定したが、MSA協定を締結するにあたっては、自ら防衛努力を行うことがその条件となっていたため、保安隊の増強問題が日米間の交渉の焦点になった。MSA協定に関する第一回会合は、昭和二八（一九五三）年七月一五日に岡崎外務大臣、アリソン米国大使が出席して行われた。日本の防衛力増強に対するアメリカの要望は共和党政府の出現により強まった。

この問題について同年九月、吉田茂総理（自由党総裁）と重光葵（改進党総裁）が会談し、長期防衛力整備計画の作成と、保安庁法を改正し保安隊を自衛隊に改め、直接侵略に対する防衛をその任務に付け加える方針で合意した。

この政治的決断を受けて、日本政府は保安庁を中心に防衛計画を急ぐとともにMSA交渉も進めた。政府はMSA交渉のため、米国へ池田勇人自由党政務調査会長を特使として派遣し、ロバートソン国務次官補と会談を行った（池田・ロバートソン会談）。しかし、増強の具体案についてはアメリカ側と日本側の主張に食い違いが生じた。日本の防衛力（日本側主張は三カ年一八万人、米国側主張は三二万五千人ないし三五万人）についての交渉は難航したが、米国側が防衛力増強にかかわる日本側の制約について認識したこともあり、昭和二九（一九五四）年三月、MSA協定は調印された[396]。

一方、吉田・重光会談を契機に保守三党（自由党、改進党、日本自由党）は何度となく折衝を行い、昭和二九（一九五四）年三月には、防衛庁設置法案と自衛隊法案のいわゆる防衛二法案が閣議決定され、同年六月二日国会で成立し、同年七月一日に施行されるに至った。防衛庁の統轄下に陸・海・空の三自衛隊が設置されることになり、戦後初めて日本に対する武力攻撃に際し、日本の防衛を任務とする組織が誕生した[397]。

軍隊ではないとした保安隊と警備隊は、自衛隊となったが、国内的には憲法改正問題に発展した。自衛隊の存在が憲法解釈上許されるか否かは、その創設以来、更に遡ればその前身である警察予備隊の時代から議論されている問題であった。特に、憲法第九条第二項で保持を禁じている「戦力」との関係で、警察予備隊や保安隊が「戦力」に該当しないのかどうかが論議された。これについて、政府は、警察予備隊も保安庁もその本質は警察上の組織であるから、いまだこの「戦力」に該当しないと説明していた。

防衛二法によって国防組織ができたことで、憲法第九条第二項で保持を禁じられる「戦力」について、自衛隊がこれに該当するかどうか活発な憲法論議が行われた。吉田総理は、「戦力に至らざる軍隊といいますか、力を持つ、自衛軍を持つということは、国として当然のことであると考えます」（昭和二九年五月六日、衆議院内閣委員会）と答弁した。鳩山内閣成立後、大村防衛庁長官は、憲法第九条の統一見解を明らかにしたが、その中で「憲法第九条は、独立国としてわが国が自衛権をもつことを認めている。従って、自衛隊のような自衛のための任務を有し、かつその目的のため必要相当な範囲の実力部隊を設けることは何ら憲法に違反するものではない」（昭和二九年一二月二二日、衆議院予算委員会）と答弁した[398]。

自衛隊は、戦力に至らない程度のもので、自衛のための任務を有し、かつその目的のため必要相当な範囲の実力部隊であるとされた。海上保安庁を解体して警備救難部を海上公安局とし、海上保安庁法第二五条のような非軍隊規定を置かずに、非常事態の際には警備隊の統制下に置かれる組織として設置することについては、その施行が延期されていたが、防衛庁設置法の施行に伴い、海上公安局法は廃止され、海上保安庁の組織の変更は取り止めとなった。同時に海上保安庁法第二五条はそのままの形で存続することになった。

一方、次節のとおり、防衛庁長官による海上保安庁の指揮規定が新たに設けられた。

第二節　自衛隊法第八〇条と海上保安庁法第二五条

自衛隊法第八〇条と海上保安庁法第二五条は制定時にそれぞれ次のように規定された。

○自衛隊法（昭和二九年法律第六五号）

（海上保安庁の統制）

第八十条　内閣総理大臣は、第七十六条第一項又は第七十八条第一項の規定による自衛隊の全部又は一部に対する出動命令があつた場合において、特別の必要があると認めるときは、海上保安庁の全部又は一部をその統制下に入れることができる。

2　内閣総理大臣は、前項の規定により海上保安庁の全部又は一部をその統制下に入れた場合には、政令で定めるところにより、長官にこれを指揮させるものとする。

3　内閣総理大臣は、第一項の規定による統制につき、その必要がなくなつたと認める場合には、すみやかに、これを解除しなければならない。

○海上保安庁法（昭和二三年法律第二八号）

第二十五条　この法律のいかなる規定も海上保安庁又はその職員が軍隊として組織され、訓練され、又は軍隊の機能を営むことを認めるものとこれを解釈してはならない。

海上保安庁法第二五条の変遷であるが、同条の扱いは三つの段階に区分できる。

第一の段階は、昭和二三（一九四八）年の海上保安庁の創設時から海上公安局法が制定される迄である。このときは旧陸海軍が解体され、日本に軍隊は存在しなかった。折しも昭和二五（一九五〇）年に朝鮮戦争が勃発し、海上保安庁は掃海部隊を派遣した。掃海部隊の派遣について、当時の政府は、昭和二七（一九五二）年一二月四日の衆議院予算委員会において、海上保安庁が戦闘に参加しない範囲で海上交通路の安全確保のために掃海を行うことはできるとの解釈を示した。海上交通路の安全確保は海上保安庁法に定められた所掌事務の一つである。つまり、戦闘に参加しない範囲で海上保安庁の所掌事務の範囲内の活動であれば、海上保安庁法第二五条には抵触しないという法解釈を示したのであった。朝鮮戦争中における朝鮮水域での掃海ですら、直接の戦闘行為に参加していないということで、船舶交通の障害の除去に関する所掌事務の範囲内であるとして海上保安庁法第二五条には抵触しないと政府は解釈したわけである。海上保安庁による掃海業務は、アメリカの要請により、国連軍の仁川上陸作戦に続く元山上陸作戦を成功裏に導くために朝鮮水域で実施された。掃海部隊が直接の戦闘に従事したわけではないが、明らかに最前線の業務であった。したがって、この段階では、戦闘に参加しないこと（憲法第九条の要請）、所掌事務の範囲内であることの二つの要件を満たせば、海上保安庁法第二五条の非軍隊的規定には抵触しないという法解釈であったと言える。前線業務か後方支援業務かは関係なく、海上保安庁が活動できる範囲は比較的広かった。

第二の段階は、保安庁法と海上公安局法が制定された時である。両法により、海上保安庁は解体され、水路部と灯台部は運輸省に残るものの、警備救難部は海上公安局として、後に海上自衛隊となる海上警備隊とともに保安庁に移管されることになった。海上保安庁が解体されるため海上保安庁法は廃止が予定されていた。海上保安庁法第二五条では海上保安庁の軍隊的機能を否定したが、新たに制定された海上公安局法では、これと同様の非軍隊的規定は設けられなかった。しかし、非常事態において、海上公安局を警備隊の統制下に入れることができるとした規定（保安庁法第六一条、六二条）が設けられた。さらに海上公安局法では、海上保安庁法にはない、「海上における公共の秩序の維持」という所掌事務が追加された。「公共の秩序」は、法律及び社会慣習をもって確定されている社会公共の一定の秩序であり、非常に広範な意味における一切の秩序をいう。当時の政府は、旧海軍軍人の構想に基づき、海上公安局を海上防衛力を補完する予備海軍的組織として機能させようとした。海上公安局法は、運輸省及び参議院運輸委員会の反発を受けて、成立はしたものの、その施行は延期され、防衛庁設置法の施行に伴って廃止された。仮に施行されていれば、有事の際には、巡視船艇を擁する海上公安局は、警備隊の統制下に入り、準軍隊的な機能を果たしたであろう。

第三の段階は、防衛庁設置法と自衛隊法が施行された時である。保安庁法を全部改正した防衛庁設置法の施行に伴い、海上公安局法は施行されることなく廃止され、海上保安庁は解体されることなく存続し、海上保安庁法第二五条も改正されなかったが、防衛庁設置法とともに成立した自衛隊法の第八〇条に海上保安庁の統制に関する規定が設けられた。内閣総理大臣が自衛隊に対して、防衛出動[399]又は治安出動[400]を命令した場合であって、特別の必要があると認められる場合には、海上保安庁の全部又は一部を内閣総理大臣の統制下に入れることができるとし、政令で定めるところにより[401]、内閣総理大臣の統制下に入れた海上保安庁の全部又は一部を防衛庁長官に指揮させるとした。これは保安庁法の第六二条に相当する規定であり、概ね保安庁法におけるのと同様の趣旨のものであった[402]。この規定を設けた理由について、加藤陽三保安庁人事局長は、昭和二九（一九五四）年四月の国会において、「同じような考え方を推し進めて参りますと、警察につきましてもそういうふうな問題があるいは起るかと思います。しかし私どもがここで狙っておりますのは、海上保安庁の持っておる船というものが、海上自衛隊の船と同種のような、それに近いような任務を、海上の治安という任務を持っておりますので、その船を立体的に有機的に使いたいというところに主たる狙いがございますから、海上保安庁についてだけ規定したわけでございます」と答弁した[403]。海上における治安を任務とする海上保安庁は、陸上警察よりも自衛隊に近い任務を持っていると説明された。

ここで問題となるのは、防衛出動又は治安出動の下令時において防衛庁長官が海上保安庁の全部又は一部を指揮するとした自衛隊法第八〇条と海上保安庁の軍隊的機能を否定した海上保安庁法第二五条との関係である。

初代海上保安庁長官であった大久保武雄は、昭和二九（一九五四）年四月五日の衆議院内閣委員会での自衛隊法案の質疑において、同法第八〇条に関して質した。木村篤太郎担当大臣は、「防衛庁長官は海上保安庁の長官を指揮をして、長官をしてすべてその任に当らしめる」「海上保安庁の船舶職員が防衛庁長官の指揮下に入りましても、その職務、権限については、依然として元の通りであります」「防衛庁における海上自衛隊と本質的に異なっておるのでありまして、海上自衛隊と同一の権限を与えるわけに参りません」と答弁し、海上保安庁長官が防衛庁長官の指揮を受ける状況でも、海上保安庁の職務や権限は変わらないとした。

自衛隊法第八〇条について、政府は、陸上警察とは異なり、海上保安庁の巡視船が、海上自衛隊の護衛艦と同種若しくはそれに近い、海上の治安という任務を持っているとして、当該巡視船を効率的に活用するとの観点で、海上保安庁を防衛庁長官に指揮させることができる規定を設けたと説明した。この政府答弁は、陸上警察とは異なり、海上保安庁が予備海軍的なものであることを示唆したように見えたが、政府は、自衛隊法第八〇条の規定により、海上保安庁が防衛庁長官の指揮下に入った場合でも、海上保安庁の任務は変更されるわけではないと説明した。有事の際に防衛庁長官の指揮を受ける場合でも、海上保安庁は、海上の治安の維持や海難救助などの通常の任務を遂行し、その性格は変わらないということになる。

未施行のまま廃止となった海上公安局法では、解体された海上保安庁の警備救難部が海上公安局として、非常事態の際には警備隊（後の海上警備隊）の統制下に置かれることになっていた。海上公安局は、同じく海上で行動する警備隊と情報を共有し、一般商船の護衛、哨戒、掃海、漁船の保護などの非戦闘業務を実施して警備隊を補完するために作られようとしていたと言える。しかし当時は、敗戦から十年も経ておらず、反戦平和の機運が国内に満ちていた。国会審議では革新政党が憲法第九条との整合性を厳しく追求し、自衛隊の発足と同時に海上公安局法は廃止された。海上保安庁は、海上公安局法の施行と同時に廃止されることになっており、解体寸前であったが、海上公安局法が廃止されたことでかろうじて存続することになった。海上公安局法の廃止に関して、政府は、新たな防衛庁の任務が非常に大きくなり、規模も拡大することから、海上の安全確保を日常業務にしている海上保安庁と防衛庁を平常時に一緒にすることは両者の任務を能率的に遂行する観点から得策ではないとして海上保安庁はそのまま残したと説明したが[404]、海上公安局法で見られた運輸省の消極的な姿勢や国会審議での野党の反発に加えて李承晩ラインの問題も考慮したと考えられる。自衛隊法第八〇条には有事の際の防衛庁長官による海上保安庁の指揮について規定されたが、海上保安庁の軍隊的機能を否定した海上保安庁法第二五条は削除されずにそのまま残された。海上保安庁法第二五条だけを見れば、それは海上保安庁の非軍事性を規定するものと理解できる。しかし、有事における自衛隊と海上保安庁の関係性を規定した自衛隊法第八〇条とあわせて海上保安庁法第二五条を見た場合はどうであろうか。自衛隊法第八〇条の規定に基づいて、海上保安庁が防衛庁長官の指揮下に入った場合でも海上保安庁の任務や権限が変わらないとすれば、そもそも自衛隊法第八〇条はどのような必要性に基づいて規定されたのであろうか。また、自衛隊法第八〇条と海上保安庁法第二五条は矛盾することはないのであろうか。これらの点を容易に理解することは難しいと言わざるを得ない。海上公安局を警備隊の統制下に入れることができるとした保安庁法第六一条及び第六二条の規定に際しては、海上保安庁法第二五条も含めて海上保安庁法を廃止する予定であった。海上公安局法では海上保安庁法第二五条のような軍隊的機能を否定する条文は規定されず、かつ任務規定に「海上における公共の秩序の維持」が追加されていた。保安庁法を全部改正する形で公布されたのが防衛庁設置法であり、警備隊に代わる組織を定める法律として公布されたのが自衛隊法である。したがって、自衛隊法第八〇条については、本来は、保安庁法第六一条及び第六二条と同様に、有事の際に海上保安庁が海上自衛隊を補完する予備海軍的組織として活動できるように規定されたものと考えられる。しかし、自衛隊法案にあわせて、海上保安庁法第二五条の削除や任務規定の追加に関する海上保安庁法の改正案は国会に提出されなかった。自衛隊法案の質疑の際、初代海上保安庁長官であった大久保武雄衆議院議員の質問に対して、木村篤太郎担当大臣は、「海上保安庁が防衛庁長官の指揮下に入っても職務や権限は変わらない」と答弁した。海上保安庁法の改正案が提出されなかったことを踏まえたものだろうが、防衛庁設置法案と自衛隊法案が国会で審議された前年の昭和二八（一九五三）年の第二六回衆議院議員総選挙では、再軍備反対を掲げる日本社会党が大幅に議席を増やし国会での発言力を強めていた。こうした中、海上保安庁法を改正してその軍隊的機能の否定条項を削除しようとした場合、野党は海上保安庁を自衛隊と一体的に行動する部隊とみなし、さらなる再軍備を行うものであるとして強く反発し、防衛庁設置法案や自衛隊法案の成立は困難だったかもしれない。実際には海上保安庁法の改正案は国会に提出されなかった。海上保安庁の軍隊的機能を否定する海上保安庁法第二五条はそのままの形で残り、海上保安庁は純粋な警察機関として存続することとなった。海軍再建を目指した旧海軍軍人側は、軍事的な効率性の点からは全く不合理であるとして不満に感じたであろう。しかし、再軍備について国内世論が敏感な当時において、外敵からの脅威に対して、軍隊的機能を否定した警察機関の海上保安庁が対処するというスキームを残したことは、李承晩ラインの設定に伴う竹島問題もある中、与野党が折り合う上では非常に好都合であったと言える。こうして見ると、海上保安庁の存在価値というのは、憲法第九条の下での国内世論や対米関係を含む外交上の課題に対するエクスキューズとしての政治的な側面も考える必要があろう。このような政治的な側面から、海上保安庁は、軍隊的機能を否定した警察機関として、紛争をエスカレートさせないための安全弁であるというリベラルな平和主義論の文脈で語られることが多い。しかし、国内法と国際法の双方が適用される海上においては、警察権の行使と自衛権の行使を明確に分けることが現実には困難な場合がある。自衛隊法第八〇条と海上保安庁法第二五条という規定が並立して存在していることは、戦後日本が抱えてきた憲法第九条と自衛隊の問題や当時の大きな懸案事項であった李承晩ラインの設定に伴う竹島問題といった極めて政治的な問題が大きく影響しているように見える。自衛隊法第八〇条と海上保安庁法第二五条は、現場の海上保安官に極めてナーバスな非常に苦しい判断と、まさに身を挺した対応を迫ることになりかねない。両条の関係は、海上保安庁が海上自衛隊の活動を効果的に補完する組織ではなく、実際は海上自衛隊の活動をむしろ抑制する方向に機能し、その法的位置付けと脆弱な人員・装備から、現場の海上保安官に過大な負担を強いてきた一面もあるという意味において、戦後の安全保障をめぐる課題を端的に表していると言えよう。

第三節　飯田忠雄の海上警察権論

飯田忠雄は、昭和三六（一九六一）年に刊行した『海上警察権論』の中で、海上における行政的権力の行使と軍事的権力の行使を明確に分けた。しかし、飯田の理論は海上保安機関に関する歴史的経緯や国際判例とは相容れず、他の主な海洋国家の例を見ても異質なものである。海上保安庁を海上警察機関として理想的な姿のように位置づける飯田の理論をあらためて確認したい。飯田の理論は次のようなものである。

(1) 海上権力機関による海上の支配は、事実上の支配と、法の支配に区分できる[405]。

(2) マハンのシーパワー（sea power）は、事実的支配力であり、法律的支配の維持に関与する、すなわち法の支配が海上に及んでいるのを現実化するための力として働く[406]。

(3) 海上の支配力は、軍事的支配力と、行政的支配力に区分でき、後者を担うのは海上保安機関である。海上保安機関が担うべき行政的海上権力は、従前は軍艦に付与され、今日でも多くの国はそうである[407]。

(4) 海上で行使される警察的権限は、軍事に属するものではなく、海上保安権に属するものであり、行政的海上権力機関が行使すべきものである[408]。

(5) マハンは、海上権力を「海軍艦隊による自国の商業航海保護のための海上支配力」の意味に解したが、このように限定して解釈することは、今日では実情にそぐわない。海上権力は必要性の差異から、軍事的海上権力と行政的海上権力に分けることができる[409]。

(6) 行政的海上権力は、「海上における法秩序の維持」「海上における船舶交通の安全、人命財産の保護及び救助」ならびに「間接侵略及び直接侵略からの国民社会の自衛活動」を目的とする[410]。

(7) 各国の海軍は、本来の任務の軍事的海上権力の外に、その附帯業務として、行政的海上権力の執行も有しているのが通例であり、国際法もこれを認めている[411]。

(8) 行政的海上権力は、海上における法の支配の維持を保障するための海上支配力であって、平和的かつ非軍事的なもので、軍事的海上権力とは明確に区別されるべきものである。行政的海上権力の行使の形式及び内容も、戦争における行動とは全く性質を異にする。したがって、行政的海上権力の主体は、海軍とは別の専門の海上保安機関とするのが合理的であるばかりでなく、こうすることが実質的には財政的経済性と業務的能率性とを確保し得る[412]。

(9)　行政的海上権力が軍事的海上権力と区別される重要な差異は、軍事的海上権力はその強大なものが結局は正当性を獲得することになる場合が多いが、行政的海上権力は法秩序に従ってのみ、正当性を保持し得るものであるところにある[413]。

(10)　行政的海上権力は、海上保安機関もしくは海上警察機関により行使されるのを原則とする。例外として、海上保安機関の力量が不足するか、あるいは海上保安機関を有しない国においては、海軍の附帯業務として行使される場合がある[414]。

以上が飯田の理論の概要である。飯田は、非軍隊の海上警察機関である海上保安庁という組織がいかに合理的なものであるかを説明しようとした。

飯田は、京都帝国大学法学部を卒業後、満州国高等文官、東海海運局運輸事務官、名古屋海上保安部保安課保安係長、保安本部警務課長、海上保安庁警備救難部警備課法務・公安担当補佐官、海上保安庁調査室長、内閣官房調査官（防衛関係調査担当）、第八管区海上保安本部警備救難部長、海上保安大学校首席教授（法学・海上警察学、担当主任教授）、神戸学院大学教授などを経て、昭和五一（一九七六）年の総選挙に公明党公認で出馬し衆院議員二期、昭和五八（一九八三）年の参議院選挙に公明党公認で出馬し参院議員一期を務めた[415]。

飯田は、海上保安庁警備課補佐官のときにＹ委員会の教育分科委員を務めた[416]。Ｙ委員会では旧海軍軍人側と海上保安庁側で激しい確執があった。旧海軍軍人側の考えによる海上公安局法案は国会に上程され、昭和二七（一九五二）年に可決成立したが、その施行は延期され、防衛庁設置法の施行に伴って廃止となった。もし海上公安局法が施行されていれば、海上保安庁は解体され、巡視船艇を擁する警備救難部は、後に防衛庁となる保安庁に海上公安局として吸収されるところであった。有事の際には、海上公安局は、警備隊（後の海上自衛隊）の統制下に入ることになっていた。海上保安庁が予備海軍的組織となる一歩手前であった。

飯田は、終戦に伴い、満州で一年以上も終戦処理に従事し、ようやく引き揚げ帰国した後も公職追放となり、肉体労働に従事して妻子を養った[417]。その後、運輸官僚となった飯田にしてみれば、海上保安庁という組織の存続については勿論のこと、戦争や平和について大いに考えるところがあったはずである。

飯田は、退官後に神戸学院大学教授を経て、公明党の国会議員となった。公明党は、参院選を翌年に控えた昭和四八（一九七三）年には「中道革新連合政権構想」を掲げ、昭和四九（一九七四）年七月の参議院選挙では日米安保条約の即時破棄を訴えて革新寄りの主張を展開し、支持母体の創価学会は日本共産党と接近した。しかし、党執行部の反発により昭和五〇（一九七五）年一〇月の党大会で革新色を打ち消して日本共産党とは完全に袂を分かった[418]。飯田が公明党から衆議院議員総選挙に出馬して初当選したのは昭和五一（一九七六）年一二月であるが、飯田はそれより前の昭和四九（一九七四）年一一月の兵庫県知事選に公明党推薦で出馬し落選している。この知事選には、自民党推薦の現知事と、社会党・共産党推薦の前副知事、そして公明党推薦の飯田が出馬し三つ巴の戦いとなった。飯田陣営は「われわれこそ真の革新」と称して戦いを進めたが、結果は自民党推薦の現職の圧勝に終わった。

公明党の竹入義勝委員長が自衛隊容認の考えを表明したのは、昭和五三（一九七八）年一月の第一五回党大会であるので、飯田は、公明党が革新色を強めていた時期に公明党推薦で知事選に出馬し、公明党が自衛隊の容認を表明する前に総選挙で初当選したことになる。こうした経歴を踏まえると、飯田はリベラルな平和主義者であったと言える。

その飯田は、海上保安庁を平和的で理想的な機関と捉えて理論を構築した。しかし、この理論に反する、次の国会における証言もある。後に日本社会党の委員長となる石橋政嗣は、昭和四一（一九六六）年二月一七日の衆議院予算委員会において、巡視船への大砲搭載の法的根拠について質問した際、「これは、海上保安大学の講習会でぬけぬけと言っていることですよ。大臣や政治家はよく聞いてもらいたいのです。主任教授の飯田忠雄という人がおるでしょう。何と言っておりますか、大砲は漁船の前後左右に撃ち込んで停船させてもよいのだ、それはちゃんとした法的根拠がある、こんなこともわからぬで、追及した代議士も、答えられなかった長官も、法律的には頭がなく、無知なのである、当庁はもともと予備海軍的なものであり、それは公安局法草案をつくり、ＧＨＱと折衝した私が一番よく知っている、こういうことをぬけぬけと言っておりますよ」と発言している。

飯田は、海上保安庁警備救難部警備課法務・公安担当補佐官の後、海上公安局法の草案作成時の昭和二六（一九五一）年には海上保安庁調査室長を務め、同法案が国会に提出された昭和二七（一九五二）年五月には内閣官房調査官（防衛関係調査担当）に併任されていた[419]。飯田は、本心では、海上保安庁の本質的な機能や役割は予備海軍的なものであると考えていたようである。そのことは飯田自身が『海上警察権論』の中において、「行政的海上権力の目的が、海上における法秩序の維持と、人命財産の保護救助にある」と述べる一方で[420]、同書の別の箇所では、「行政的海上権力は、（中略）「間接侵略及び直接侵略からの国民社会の自衛活動」を目的とする」（前述(6)）と述べていることからも伺い知れるのである。したがって飯田も、海上保安庁は他の主要な海洋国家の海上保安機関と同様に、本質的には予備海軍的な機能を有しているものの、海上保安庁法第二五条により、それが制限されているに過ぎないと考えていたものと思われる。

アメリカは日本の再武装を恐れるソ連の反発を抑えるために、海上保安庁法第二五条を追加させて海上保安庁が警察力であることを強調した。これと同様に飯田は、自衛隊への反発が根強くあった当時の国民に受け入れられやすい軍警分離の理論を唱えた。飯田は、海上保安庁の解体の危機を一当事者として目の当たりにした。飯田は、海上保安庁の予備海軍的な機能にあえて目をつぶり、憲法第九条にもつながる海上保安庁法第二五条を軍警分離の規定として捉え、海上保安庁を自衛隊とは異なる平和的な機関として位置付けることで、海上保安庁のレゾンデートルを説明しようとした。

結び

戦前から戦中の海上保安は海軍が主体となって確保した。明治海軍はイギリス海軍を範とし多くのことを学んだ。イギリス海軍は、海上における警察機能も持っており、海軍はそれも踏襲したのであった。終戦に伴って海軍が解体された後は、海上保安庁がこれを担うことになった。昭和二三（一九四八）年五月、海上保安庁は占領下における複雑な国際関係を反映し、軍隊的機能を持たないことを海上保安庁法第二五条に明記して発足した。

昭和二五（一九五〇）年六月、米ソの代理戦争とも言える朝鮮戦争が勃発した。この戦争では北朝鮮軍が優位に立ち、アメリカ側が劣勢に立たされた。アメリカは同一〇月、北朝鮮軍が敷設したソ連製の機雷を掃海するため、海上保安庁の掃海艇に出動を要請した。吉田総理は、当時の国際情勢や対日講和条約締結前の日本の立場等を総合的に勘案し出動を決定した。しかし、憲法第九条や海上保安庁法第二五条の関係から政治問題化することは必至であった。このため、海上保安庁掃海部隊の朝鮮水域への出動は厳に秘匿とされた。旧海軍軍人を中心とした海上保安庁による掃海は、戦後初の戦死者を出しながらも完璧に行われ、アメリカ側の高い評価を得た。この掃海作業は海上保安庁が潜在的に軍隊的機能を有していることを示した。

朝鮮戦争を契機にアメリカの対日姿勢は変化し、アメリカは日本の再軍備に積極的となった。旧海軍のエリートは、復員に必要な人事情報に精通していたため、例外的に公職追放を免れ、第二復員局に勤務していた。これら旧海軍軍人は、終戦直後から海軍を再建しようとアメリカ極東海軍や有力政治家らと密かに折衝を続けていた。旧海軍軍人は、海上保安庁を非常事態時には国防大臣の指揮下に入れ、直接海軍の管制下に置く必要があると考えていた。旧海軍軍人側は、海上保安庁の船艇を非常事態時に海軍の予備隊として海軍業務の一部を分掌させれば国防的に見ても極めて有利であり、不要となった海軍艦艇を海上保安庁に移管し、その乗員を海軍予備員とすれば、国家財政的にも国防的にも極めて有意義であると考えていた。

吉田総理は、こうした旧海軍軍人の考えを踏まえ、海上保安も含む海上防衛機関の創設に積極的な姿勢を見せた。ただし、旧海軍軍人側が当初望んだ国防省的な機関を一気に作るのではなく、警察的な組織をまず作って段階的な再軍備を図ろうとし、国会に法案を提出した。

国家管轄権の対立が生じやすい海上における権力行使には二面性がある。自国にとっては国内法上の問題であっても、他国にとっては国際法上の問題として認識されることがある。国内法と国際法の双方が適用される海上においては、ある権力行使について、それが行政的権力の行使に見えても、同時に軍事的権力の行使として捉えることができる場合がある。

このことは、海上公安局法の国会質疑でも明らかとなった。大橋武夫大臣は、「森羅万象を二つに分けて、この事柄についてては国際公法が適用になる、この事柄は国内法上の問題である、こういうふうに区別することは、実際上の問題としては適当ではない。即ち事実はすべて単なる事実であり、これを国際法上の視野から見た場合には、そこに一つの国際公法上の法律関係が成立するのであるし、同一の事実を国内法上の視野から見た場合には、そこに国内法上の一つの法律関係というものが成立して来る」「外国軍隊の侵略というような一つの国際的事実でも、侵略された国の側から見ると、これに対して一つの国内法上の視野からする観察ということは当然可能であるわけであり、このように見た場合において、これに対処するその国の行動が一つの軍事行動にあらずして警察行動である、こういうふうに見るべきものである、又そういう場合もある」と答弁した。この答弁は警察行動と軍事行動の区別が見方によって変わることを示している。

主要な海洋国と比較した場合の海上保安庁の特異性は、軍隊的機能を否定した点にある。海上保安庁の軍隊的機能を否定した海上保安庁法第二五条は、占領下に海上保安庁を創設するに当たり、日本の再軍備を極度に警戒するソ連の反対を押し切るためにアメリカが日本に指示して規定を余儀なくされたものである。しかし、米ソの対立、共産主義の脅威の増大に伴って、アメリカの対日政策が変化する中、吉田内閣は警備隊（後の海上自衛隊）を創設し、さらに海上保安庁を解体し海上保安庁の警備救難部を海上公安局に衣替えして保安庁に統合しようとした。組織統合の理由は艦艇の効率的運用であった。海上公安局法に海上保安庁法第二五条のような軍隊的機能を否定する条項は置かれず、非常事態の際には海上公安局は警備隊の統制下に置かれることになった。これは海上保安庁が警察（Police）ではなく、準軍隊（Paramilitary）として本来の機能を発揮できることを明確に示した。国家管轄権が競合する海上において活動する海上保安機関は、準軍隊的機能を持っていることが一般的である。これは戦時や国家非常時において限られたリソースをどう効率的に活用するかが国家の存亡や主権維持に必要不可欠だからである。

海上保安庁の解体と準軍隊化の筋書きを書いたのは旧海軍軍人側であった。旧海軍軍人側は、海軍の規模より重要なことは予備員と予備艦艇により戦時に海軍力を急速に増強することができるような制度であるとしたマハンの理論を忠実に実践しようとした。

海上公安局法の国会質疑では、政府は艦艇の効率的運用を組織再編の主な理由と説明し、その性格が変化する説明は行われなかった。しかし、朝鮮戦争において旧海軍軍人を中心とする海上保安庁の掃海部隊が多大な実績を挙げたことや共産主義に対抗するアメリカの対ソ戦略や日本の再軍備に関する対日姿勢の変化も相まって、実際には海上公安局は保安庁の一部局として、軍隊的活動を補完する組織として想定されていたと考えられる。これは、旧海軍軍人側が作成した研究資料の内容や、海上公安局法に軍隊的機能を否定する条文が規定されなかったこと、さらには有事の際には海上公安局を警備隊の統制下に置くこととした法律のスキームからも強く類推できる。

海上公安局法が施行されれば、戦前・戦中と同じように海上での警察機能も取り込む、完全な形での海軍再建が果たされるところであった。しかし、海上保安庁を外局とする運輸省の強い抵抗に遭遇した。これは戦後官庁の運輸官僚と海軍再建を図ろうとする旧海軍軍人の対立とも言えた。保安庁法案と海上公安局法案の内容は、閣議決定されて国会に提出される前にマスコミにリークされ、その時点から国会で論戦が始まった。当初の案は海上保安庁をそのままの形で保安庁に移管するものだった。これに運輸省は強烈な反発を示し、運輸大臣が反対の意思を国会で表明する事態にまで至った。吉田総理は、運輸省の反対が強い海上保安庁全体の移管ではなく、警備救難部のみの移管として運輸省に譲歩し、海上公安局法案の閣議決定に持ち込む政治的手腕を見せた。

国会審議において日本社会党などの左派勢力は、保安庁の設置は憲法第九条に違反するとして強く反対し、日本共産党は警備隊が漁船の警備について行くことで、却って国際紛争の種子を播く方向に行くという論理も持ち出して、保安庁法案とともに法案に反対した。

野党が強く法案に反対する中、海上保安庁の解体と保安庁への警備救難部の統合に難色を示した参議院運輸委員会が内閣委員会へ申し入れたことや、参議院で与党自由党が過半数を確保していなかったこともあって、最重要の保安庁法は国会で可決成立し施行されたが、海上公安局法は国会で可決成立したものの、別に法律で定める日まで施行が延期された。海上公安局法の施行延期は、参議院の運輸委員会が内閣委員会に申し入れたことで実現した。吉田総理は、海上公安局法の施行延期が決まると「漸進的にやろう」との至極あっさりとした感想を漏らし、海上公安局法の施行に強い政治的執念を見せなかった。

その後、保安庁法を全部改正した防衛庁設置法と自衛隊法が昭和二九（一九五四）年に施行されることに伴い、海上公安局法は未施行のまま廃止となった。

こうして、戦後、旧日本海軍軍人がアメリカ極東海軍の将校とともに、マハンの理論を実践するべく目指した、海上保安庁の準軍隊化は失敗に終わった。

何故、吉田は海上公安局法の施行に政治的執念を見せなかったのか。野党との対立の中、保安庁法の施行のための政治的取引材料としたという見方もできる。加えて、韓国による李承晩ラインの設定も影響しているという見方もできよう。韓国は、マッカーサー・ラインが廃止される動きとなるや否や、李承晩ラインを設定して日本漁船を締め出した。韓国側は、日本漁船の拿捕や竹島への警備隊員の常駐などを行い、海上保安庁の巡視船が銃撃を受ける事態も発生した。海上公安局法が施行されていれば海上公安局が対応したであろう。海上公安局法には軍隊的機能を否定する規定がなく、海上公安局は有事の際には警備隊の統制下に置かれることになっていた。韓国側は海上公安局の対応を武力行使として捉えた可能性も否めない。アメリカもそのような事態を懸念したであろう。

吉田は、竹島の問題について実力による対抗手段は避けて、外交交渉により平和的解決を図るという基本方針を策定した。戦後間もない時期におけるこうした対応は、国民の間に根強く存在した軍隊や戦争に対するアレルギー、アメリカとの関係、さらには日韓国交正常化も念頭に置いた、吉田の現実主義的な考えに基づくものであったと言える。

海上保安庁を解体して予備海軍的組織の実現を目指した海上公安局の設置は、旧海軍軍人の構想の下で進められたが、自衛隊の創設に至るまでの政治過程は、いわゆる吉田路線に基づくものであった。旧海軍軍人は、日本海軍の再建を目指して再軍備とシーパワーの統合を画策し、吉田は憲法を改正せずにこれを実現しようとしたが、最終的には、憲法をはじめとした国内外の問題に直面したのであった[421]。

（注）本稿の意見に係る部分は筆者の個人的見解であり、筆者の所属する組織の見解を表すものではありません。

年表

明治　五（一八七二）年二月二八日　海軍省発足
明治一七（一八八四）年　予備員制度の運用開始
明治三七（一九〇四）年六月二九日　海軍予備員条例制定
大正　八（一九一九）年六月三日　海軍予備員令制定
昭和　九（一九三四）年一〇月一九日　海軍予備員令の全部改正
昭和一六（一九四一）年一二月一八日　海務院発足
昭和二〇（一九四五）年八月一五日　日本政府はポツダム宣言を受諾し、太平洋戦争が終結
八月二四日　領海警備のために水上警察を強化する等の「警察力整備拡充要綱」を閣議決定
八月　運輸省海運総局で「水上監察隊設置に関する件」を議論
九月二七日　GHQは日本漁船の操業許可範囲を設定（いわゆるマッカーサー・ライン）
一〇月五日　GHQは警察力拡充計画を拒否
一二月一日　海軍省は第二復員省に改組され、海軍は解体
昭和二一（一九四六）年初め　旧海軍軍人は第二復員局資料整理部を中心として再軍備の研究を開始
二月　GHQの要請を受けて米沿岸警備隊のミールス大佐が来日
二月一二日　GSが中心となってGHQが日本の非武装化を決定
五月一六日　運輸省海運総局が、「水上保安制度」の構想をまとめる
五月頃　朝鮮半島南部、特に釜山でコレラが流行
六月一二日　GHQが不法入国船舶の取り締まりを命令
七月一日　運輸省船員局に不法入国船舶監視本部を設置

七月八日　運輸省へのミールス大佐の提案
一一月一六日　日本の徹底的な非軍事化を基本原則とするポーレー報告書の発表

昭和二二（一九四七）年五月三日　日本国憲法施行
五月二三日　運輸省に海上保安機関を設置する「海上保安制度の確立について」を閣議決定
九月二三日　ＧＨＱが「海上保安及び不法入国密貿易取締業務機関設置に関する件」を発出し、海上保安機関の設置を許可
一〇月初め　日本政府はミールス大佐から勧告された性格を持つ海上保安機関設置法案をＧＨＱに提出
一二月　一部の新聞が海上保安機関設置法案をスクープし、巡視船の武装が問題化。ＧＨＱは草案の大砲積載部分の削除と軍隊機能を否定する条項の挿入を要求（具体的な時期は不明）

昭和二三（一九四八）年二月一二日　ＧＨＱが海上保安庁法案を提示し、その実施を要求
三月一八日　次官会議で関係省庁間の協力要領を決定
三月三〇日　衆議院に海上保安庁法案を提出
四月二八日　海上保安庁の設置問題を第五八回対日理事会で議論
五月一日　海上保安庁発足

昭和二五（一九五〇）年六月二五日　北朝鮮が軍事境界線（三八度線）を越えて韓国を突然攻撃し、朝鮮戦争が勃発
七月八日　マッカーサーから吉田総理に海上保安庁八千人増員を求める書簡
八月一〇日　警察予備隊が発足
一〇月二日　アメリカ極東海軍のバーク少将が大久保長官に朝鮮元山沖の機雷掃海を要請
一〇月四日　ＧＨＱが日本の掃海艇を朝鮮掃海に使用する指令を発出
一〇月一〇日　朝鮮水域での掃海開始
一〇月一七日　掃海艇が触雷して沈没し、海上保安官一名死亡
一二月六日　朝鮮水域での掃海終了
一二月　米統合参謀本部はソ連との戦争に備え、日本の再軍備が必要との見解を発出

昭和二六（一九五一）年一月二二日　野村元海軍大将がアメリカ極東海軍のジョーイ中将に海軍再建案を説明

一月二三日　野村元海軍大将がアメリカ極東海軍のバーク少将に「国防省を創設し、これに現存の海上保安庁及び警察予備隊を吸収する」という考えを説明したところバーク少将も賛同

三月八日　吉田総理とダレス特使が会談（野村元海軍大将は、この会談前に新海軍再建案をダレス特使の秘書に手渡していた）

四月一八日　保科元海軍軍務局長はアメリカ極東海軍のバーク少将に、「海上保安庁は平時の警察行動であって、戦時に備える任務はない。したがってモラルや訓練の点において海軍（NAVY）とはなり得ない。海上保安庁の根本的強化には制約があり、海上保安庁強化案を採用するべきではない」「治安省は海の国際性に鑑み障害がある」「結局、世界共通の制度として国防省創設案を採用すべきである」と回答

四月二二日　バーク少将から「コースト・ガードは、モラルや訓練の点においてすぐに海軍とはならない。このため海上保安庁とは別個に、高度な訓練計画、漁船や商船の保護、哨戒等を行う海軍部を創設するか、又はアメリカ極東海軍部内に合同機構（JOINT COMMISSION）を作り、そこで日米の専門家が合同して共同訓練や教育を行い、その名称は海上警察（SEA POLICE）としてはどうか」との見解を受けた日本政府は、その検討結果（海上保安庁の解体と警備救難部の軍隊的性格を持った新機関への移管、軍隊的機能を否定した海上保安庁法第二五条の廃止等）をアメリカ極東海軍に回答

八月　旧海軍軍人側は「我国海上防衛力強化に関する研究」をまとめ、海上保安庁船艇は戦時又は国家非常時に海軍の予備隊として海軍業務の一部を分掌することとすれば国防的に見ても極めて有利であると指摘

八月三日　保科元海軍軍務局長はアメリカ極東海軍のオフステー少将と海軍再建案の意見交換

八月二六日　山本善雄元海軍少将は、岡崎官房長官の依頼により「海軍創設について」と題する意見書を提出。この中で山本は、「現下の国際情勢並びに機微な国内態勢に鑑み、現実問題として海上保安庁を強化充実するという方策を過渡的に採用することはやむを得ないが、近い将来に正規の海軍へ移行できるよう準備を整えておく必要がある」「現在の海上保安庁の性格をアメリ

カのコースト・ガードと同様に改める（やむを得なければ長官の下に海上保安予備隊を創設し、軍隊に適する指揮運営が可能になるようにする）」と提言

九月八日　対日講和条約と日米安全保障条約を調印。日本が主権を回復し、日本の再軍備を禁止した極東委員会（ＦＥＣ）の決定が無効化

一〇月初め　アメリカのトルーマン大統領は、フリゲート艦一八隻と大型上陸支援艇五〇隻を日本に提供することを決定

一〇月一九日　吉田総理は、マッカーサーに代わり新たにＧＨＱ最高司令官となったリッジウェイ大将との会談で貸与艦艇を受け入れることを正式に回答

一〇月　リッジウェイ大将との会談後、岡崎官房長官は、山本善雄元海軍少将に、総理の意向として、貸与艦艇の受け入れ準備委員会の委員長の引き受けを要請。山本は、「スモール・ネイビー（小海軍）を作れと言うなら引き受けましょう。コースト・ガード（沿岸警備隊）なら、お断りします」と言って委員長就任を受諾

一〇月二〇日　海上保安庁長官の柳沢米吉は、官房長官の岡崎勝男からの至急の呼出しを受けて出向くと、山本善雄元海軍少将も来ており、二人に対して、「米軍よりフリゲート艦一八隻、上陸用舟艇五〇隻の譲り渡しがあるので、受入体制を確立せよ」との指示がなされた

一〇月三一日　海上保安庁内の準備委員会（いわゆるＹ委員会）の第一回会合を開催

昭和二七（一九五二）年一月一七日　岡崎官房長官は、山本善雄元海軍少将との会談時に、海軍化について「参議院（通過）に自信がない」として政治的に難しいとの判断を示す

一月一八日　韓国が海洋主権宣言を発し、李承晩ラインを設定

一月二四日　『読売新聞』が「保安省を新設 実動部隊と防衛委統括」と報道

二月四日　アメリカ極東海軍側から「海上保安予備隊は不可。ぜひともCoast Security Force とせよ」との意見があったが、海上警備隊（Maritime Safety Security Force）とすることに決定

二月二〇日　海上警備隊の創設を含む海上保安庁法の一部を改正する法律案が新聞に掲載

二月二二日　「影の運輸大臣」とも言われた与党自由党の關谷勝利は、衆議院運輸委員会で海上保安庁の移

	管に反対の立場を表明。以後も国会質疑は続き、日本社会党などの野党も移管に反対の立場を表明。村上運輸大臣も三月二二日の参議院予算委員会で別個の機構の設立を問題視
三月四日	海上警備隊の創設に係る海上保安庁法の一部を改正する法律案が閣議決定。日本社会党などの野党は、海上警備隊は直接侵略に対する増強であり、憲法違反であるとして国会で論戦
四月五日	村上運輸大臣は、「今朝の閣議で海上保安庁の警備救難部を海上警備隊とともに総理府に移すことについて決定された」として、消極的ながら法案に賛成することを表明
四月二五日	Y委員会の第二九回会合を開催し、同委員会は終了
四月二六日	海上保安庁法の一部を改正する法律が施行され、海上警備隊が発足
四月二八日	対日講和条約と日米安全保障条約が発効
五月一〇日	保安庁法案を国会に提出
五月一二日	海上公安局法案を国会に提出
五月一四日	改進党の船田享二は、「防衛機構を整えることに急なるあまり、国民の生命、財産を保護しようとする海上の保安業務を軽視したきらいがある」などとして問題視。以後も、改進党の三好始や松原一彦、緑風会の楠見義男らが憲法問題も含めて法案に反対
六月二六日	与党自由党所属の山縣勝見委員長は、参議院運輸委員会において、保安庁法案及び海上公安局法案の修正を提案。政府原案の実施の期日を遅らせて、内外の情勢を睨み合せて適当な日まで延期し、その間に再検討して法律の適正を期するのが適当というもので、他の委員の異議なく、参議院運輸委員会で了承。同日付で施行延期に係る法案修正案を参議院内閣委員会へ申し入れ
七月一二日	竹島の調査に赴いた海上保安庁の巡視船が韓国側から銃撃される
七月二四日	参議院内閣委員会は、運輸委員会の法案修正の申し入れを受けて討議。与党の自由党は法案に賛成し、野党の日本社会党と改進党は反対。河井彌八委員長は、修正案の採決を行い、与党自由党の議員に加え、緑風会の議員も法案に賛成し、賛成者多数で法案は議決
八月一日	保安庁法施行。警察予備隊、海上警備隊を改組した保安隊、警備隊が発足

昭和二九（一九五四）年二月二〇日　李承晩ラインを哨戒中の巡視船が韓国側から銃撃される

三月八日　アメリカの相互安全保障法（Mutual Security Act）に基づくＭＳＡ協定を調印

七月一日　保安庁法を全部改正した防衛庁設置法と自衛隊法施行。保安隊、警備隊を改組した陸上自衛隊、海上自衛隊が発足。施行延期となっていた海上公安局法は廃止

参考文献

アラン・リックス『日本占領の日々 マクマホン・ボール日記』岩波書店、一九九二年。

アルフレッド・T・マハン（北村謙一訳）『マハン海上権力史論』原書房、二〇〇八年。

飯田忠雄「戦前におけるわが国の海上保安制度」『海上保安大学校研究報告 第一部』海上保安大学校、一九六一年。

飯田忠雄『海上警察権論』成山堂書店、一九六一年。

石丸安蔵「日本海軍の予備員制度について—制度の沿革と運用—」『防衛研究所紀要 第一九巻第一号』防衛省防衛研究所、二〇一六年。

大久保武雄『海鳴りの日々』海洋問題研究会、一九七八年。

大嶽秀夫『再軍備とナショナリズム』中央公論社、一九八八年。

大嶽秀夫『戦後日本防衛問題資料集 第二巻・講和と再軍備の本格化』三一書房、一九九二年。

海軍大臣官房「海軍予備生徒ニ関スル沿革」『海軍制度沿革 巻四』海軍省、一九三九年。

海軍大臣官房『海軍制度沿革 巻二』海軍省、一九四一年。

海上保安庁総務部政務課『十年史』平和の海協会、一九六一年。

海上幕僚監部防衛部『航路啓開史』海上幕僚監部、一九六一年。

海上保安庁総務部政務課『三十年史』海上保安協会、一九七九年。

外務省『日本外交文書 大正期』外務省、一九七六年。

外務省『初期対日占領政策（上）—朝海浩一郎報告書—』毎日新聞社、一九七八年。

外務省『初期対日占領政策（下）—朝海浩一郎報告書—』毎日新聞社、一九七九年。

加藤陽三『私録・自衛隊史』防衛弘済会、一九七九年。

菅英輝『米ソ冷戦とアメリカのアジア政策』ミネルヴァ書房、一九九二年。

高坂正堯『吉田茂 その背景と遺産』TBSブリタニカ、一九八二年。

高坂正堯『宰相 吉田茂』中公クラシックス、二〇〇六年。

篠原宏『海軍創設史 イギリス軍事顧問団の影』リブロポート、一九八六年。

柴山太「日米英三国間パースペクティブによる海上警備隊創設過程の分析 一九五〇～五二」『軍事史学 通巻一五六号』錦正社、二〇〇四年。

柴山太『日本再軍備への道』ミネルヴァ書房、二〇一〇年。

ジェイムス・E・アワー(妹尾作太男 訳)『よみがえる日本海軍(上)』時事通信社、一九七二年。

鈴木英隆「朝鮮海域に出撃した日本特別掃海隊 - その光と影」『戦史研究年報 第八号』防衛省防衛研究所、二〇〇五年。

高井晋ほか「諸外国の領域警備制度」『防衛研究所紀要 第三巻第二号』防衛研究所、二〇〇〇年。

西村弓「第七章 海洋安全保障と国際法」『守る海、繋ぐ海、恵む海―海洋安全保障の諸課題と日本の対応―』日本国際問題研究所、二〇一二年。

野村實『日本海軍の歴史』吉川弘文館、二〇〇二年。

秦郁彦『史録 日本再軍備』文藝春秋、一九七六年。

ヒュー・ボートン(勝山金次郎 訳)『戦後日本の設計者 ボートン回想録』朝日新聞社、一九九八年。

藤井賢二『竹島問題の起源―戦後日韓海洋紛争史―』ミネルヴァ書房、二〇一八年。

フランク・コワルスキー『日本再軍備 米軍事顧問団幕僚長の記録』

保科善四郎「わが新海軍再建の経緯(保科メモ)」『戦後日本防衛問題資料集第二巻』三一書房、一九九二年。

増田弘『自衛隊の誕生 日本の再軍備とアメリカ』中公新書、二〇〇四年。

薬師寺克行『公明党 創価学会と50年の軌跡』中公新書、二〇一六年。

山本善雄「海軍創設について」『戦後日本防衛問題資料集 第二巻・講和と再軍備の本格化』三一書房、一九九二年。

柳沢米吉『回想録』柳沢米吉氏回想録刊行会、一九八六年。

吉田茂『回想十年(中)』中央公論新社、一九九八年。

吉田真吾「日本再軍備の停滞 米国政府による不決断の過程と要因、一九四九年～一九五〇年八月」『近畿大学法学第六七巻三・四号』一二五―一六二頁
読売新聞戦後史班『昭和戦後史「再軍備」の軌跡』読売新聞社、一九八一年。

注釈

はじめに

1 アルフレッド・T・マハン（北村謙一訳）『マハン海上権力史論』原書房、二〇〇八年、四六頁。

2 アルフレッド・T・マハン、前掲書、四三頁。

3 連合国最高司令官指令（Supreme Commander for the Allied Powers Directive）とは、連合国最高司令官（SCAP: Supreme Commander for the Allied Powers）から日本政府宛てに発せられた指示及びそれを拡充する訓令である。当該指令に係る文書にはSCAPINdex Numberと呼ばれる番号が「SCAPIN-〇〇」という形で付されたため「SCAPIN」と通称される。

4 アルフレッド・T・マハン、前掲書、一一六頁。

5 予備自衛官等の制度は、有事等における自衛官所要数を急速かつ計画的に確保するとともに、防衛予算の効率的運用及び防衛基盤の育成・拡大を狙いとしており、自衛隊のみならず世界各国で重視されている予備役制度である。

6 Award in the arbitration regarding the delimitation of the maritime, boundary between Guyana and Suriname, Award of 17 September 2007, Reports of International Arbitral Awards, VOLUME XXX pp.1-144., para. 445-446. 西村弓「第七章　海洋安全保障と国際法」『守る海、繋ぐ海、恵む海―海洋安全保障の諸課題と日本の対応―』日本国際問題研究所、二〇一二年、九二―九四頁。

7 西村弓、前掲箇所、九三頁。

第一章

1　篠原宏『海軍創設史　イギリス軍事顧問団の影』リブロポート、一九八六年、三頁。

2　Sir William Laird Clowes, The Royal Navy, London, 1903.

3　篠原宏、前掲書、一〇九頁。

4　幕府の渡航禁制のため、松村淳蔵は変名で実名は市来和彦。

5　篠原宏、前掲書、一一〇頁。

6　堀江洋文「アイルランド人水夫コリンズ兄弟と明治初期の帝国海軍教育」『専修大学人文科学研究所月報　二七四』専修大学人文科学研究所、二〇一五年、一五－四〇頁。

7　日本は英国国王の戴冠式と同記念観艦式には皇族と軍艦を派遣した。世界の海軍国は英国の戴冠式に伴う観艦式には自国の力を誇示しようとして、性能等で特長のある軍艦を派遣するのを例としていたので、親善目的とは言えその場は参加する各国海軍にとって最新の軍事技術に接する絶好の機会でもあった（川井裕「軍艦「足柄」の英国観艦式派遣及びドイツ訪問について」『戦史研究年報』防衛省防衛研究所、二〇〇九年、四一－六三頁を参照）。

8　篠原宏、前掲書、一九九頁（海軍大臣官房『海軍制度沿革　巻二』海軍省、一九四一年、四五－四六頁（国立国会図書館デジタルコレクション参照））。

9　篠原宏、前掲書、二二〇頁。

10　篠原宏、前掲書、二二四頁。

11　篠原宏、前掲書、二八四頁。

12　篠原宏、前掲書、三三六－三三七頁。

13　篠原宏、前掲書、三四八－三四九頁。

14　篠原宏、前掲書、三五三頁

15　篠原宏、前掲書、二九三頁。

16　篠原宏、前掲書、二九六頁。

17 同右。
18 篠原宏、前掲書、二九七頁。
19 篠原宏、前掲書、三三六頁。
20 篠原宏、前掲書、三五七頁。
21 篠原宏、前掲書、三三五頁。
22 篠原宏、前掲書、三六一頁。
23 篠原宏、前掲書、二九八、三六一頁。
24 篠原宏、前掲書、四四六―四四七頁。
25 野村實『日本海軍の歴史』吉川弘文館、二〇〇二年、一四八頁。
26 高井晋ほか「諸外国の領域警備制度」『防衛研究所紀要 第三巻第二号』防衛研究所、二〇〇〇年、一一五頁。ちなみに海難救助は一八〇九年に創設された王立沿岸警備隊（Her Majesty's Coastguard）が担当する。王立沿岸警備隊はコースガードの名称ではあるが領海警備等は英国海軍が担っており、警備隊と言うより救助隊に近い組織である。
27 陸海空軍と並びイタリア軍を構成する四軍の一つで、平時にはイタリアの警察機関の一つとして、国家警察や財務警察などとともに警察活動を行う。有事には憲兵および戦闘部隊として機能する。
28 フランス海上憲兵隊は海上における人命救助活動も担っている。
29 飯田忠雄「戦前におけるわが国の海上保安制度」『海上保安大学校研究報告 第一部』海上保安大学校、一九六一年、四頁。
30 飯田忠雄、前掲箇所、九頁。
31 飯田忠雄「前掲箇所、一五頁。
32 井上彰朗「戦前における我が国の「海上保安」体制について～戦間期における警備救難業務を中心として～」『海保大研究報告 第六二巻第二号―II』海上保安大学校、二〇一七年、一一三〇頁。
33 海上保安庁総務部政務課『十年史』平和の海協会、一九六一年、四頁。
34 飯田忠雄、前掲箇所、一一七一頁。
35 一八世紀にロシア海軍のヴィトゥス・ベーリングを隊長とする探検隊は、オホーツク海まで到達し、そこで手に入れたラッコの毛皮を持ち帰った。柔らかく高密度で手触りの良いラッコの毛皮は宮廷や貴族たちの中で大評判となった。一九世紀半ばには千島列島にも一攫千金を狙ったロシアの船が出没し乱獲が始まった。

36 函館市史編さん室『函館市史』函館市、一九九〇年、二七七―二七九頁。

37 「鮭の聖地」の物語～根室海峡一万年の道程 拓殖と防衛の島」『北海道マガジン KAI』<http://kai-hokkaido.com/feature_vol44_sidestory4/>二〇二二年四月二五日閲覧。

38 オットセイなどの海獣は厳寒の地に生息して這うように重い体を移動しているため、その皮は非常に分厚く頑丈で防寒にも優れていた。また、海獣の脂肉や骨などから採取した脂肪油は海獣油として利用されていた。

39 鍋倉英美「明治天皇侍従の千島巡察‐北海道千島全境探検ノ特命」『海のジグソーピース No.127』<https://blog.canpan.info/oprf/archive/1824>二〇二二年四月二五日閲覧。

40 同右。

41 同右。

42 函館市史編さん室、前掲書、二八三―二九〇頁。小川漁業部の「西海丸」も明治四一（一九〇八）年にアラスカ海域で操業中、アメリカ監視艇に拿捕され密猟船として処分された（同頁）。

43 明治四〇（一九〇七）年には日露漁業協約が締結された。同協約はロシアが河川と内水を除いた日本海、オホーツク海、ベーリング海のロシア沿岸においてラッコ・オットセイ以外の水産物を捕獲採取することを許可する内容であった。同協約の効力は一二年間でその後は両国の合意により更新又は改正するものとされた（官報（第七二三六号外）明治四〇年九月一日参照）。

44 間接國税犯則者處分法を準用するとされたが、同法では犯則を見つけた時に犯則事実を証明する書類等を差押える緊急性から裁判所の令状を得ないで捜索や差押ができることとなっていた。漁業においても同様の緊急性が必要なため、同法を準用することとされたもののようである（末永芳美、「漁業の取締りの歴史―漁業の取締りの変化を中心に―」『水産振興 第六二三号』東京水産振興会、一七頁）。

45 末永芳美、前掲箇所、一頁。

46 函館市史編さん室、前掲書、五七五―五七六頁。

47 函館市史編さん室、前掲書、五七六―五八〇頁。「露領漁区貸下入札ヲ日本政府ニ於テ施行方請願ノ件」露領水産組合『日本外交文書』一九二三年。

48 同請願では、ロシアが同方面に漁業監視船を巡航するとの情報があり、甚大な損害を被る不安があるとして、「何卒同方面へ軍艦急々御派遣ノ上御保護」するよう請願した（「軍艦派遣方加藤海軍大臣ニ請願シタル件」『日本外交文書』一九二二年）。

49 「本年度露領沿岸ノ漁業対策ニ関シ請議ノ件」『日本外交文書』一九二二年。

50 「メルクーロフ政権漁業監視船武装ニ関スル来往電通牒ノ件」『日本外交文書』一九二二年。

51 「露国監視船ニ対スル警告案ニ関スル件」『日本外交文書』一九二二年。

52 沿海州方面に戦艦の三笠、カムチャツカ方面には、新高、石見、特務艦の関東などが派遣された（函館市史編さん室、前掲書、五七六－五八〇頁）。

53 昭和三年度の第三次補充計画で漁業保護用の艦の整備が実現することとなった。艦種としては海防艦に類別された。ソ連の警備艦艇と交渉を行うことも考慮し艦型は小さいものの、菊の紋章を艦首に付した軍艦であった。

54 萩野富士夫『北洋漁業と海軍』校倉書房、二〇一六年、一六一頁（井上彰朗、前掲箇所、一五頁を参照）。

55 司法省調査部「領海侵犯事件の研究」『司法研究報告書第二八集一五』司法省、一九四〇年、五四頁（井上彰朗、前掲箇所、一四頁を参照）。

56 国立公文書館「アジ歴グロッサリー 海務院」<https://www.jacar.go.jp/glossary/term1/0090-0010-0070-0030-0160.html>二〇二二年五月一日閲覧。寺谷武明『日本海運経営史3 海運業と海軍』日本経済新聞社、一九八一年、七五－七八頁。

57 読売新聞戦後史班『昭和戦後史「再軍備」の軌跡』読売新聞社、一九八一年、二三三頁。

58 保有船腹を軍の作戦行動と民需輸送にどう配分するかは開戦前の重要課題であったが、軍の強い発言力でそれぞれ二分の一（三〇〇万トン）ずつの配分となった。

59 日本殉職船員顕彰会「太平洋戦争と海上輸送」『太平洋戦争と戦没船員』<http://www.kenshoukai.jp/taiheiyo/taiheiyou02.htm>二〇二二年六月二三日閲覧。

60 アルフレッド・T・マハン、前掲書、二六頁。

61 海軍の予備員制度は、明治八（一八七五）年に大久保利通内務卿が海員を養成して国家有事のときに備えるため三菱商船学校を創設したことが淵源とされている（石丸安蔵「日本海軍の予備員制度について－制度の沿革と運用－」『防衛研究所紀要 第一九巻第一号』防衛省防衛研究所、二〇一六年、一七九頁（海軍省『海軍制度沿革（全十八巻・二十六冊）巻四の二』原書房、一九七一年、五九一頁）。予備員制度のきっかけは明治七（一八七四）年の台湾出兵に際して、軍隊や軍需品を速やかに海上輸送するための船員が不足していたことであった。このため大久保内務卿が海員養成の必要性を説いて、民間の三菱会社に政府から補助金を交付して三菱商船学校を設立させ、海員の養成を開始した（石丸安蔵、前掲箇所、一八〇頁）。明治一五（一八八二）年には三菱商船学校は官立化された。

62 海軍大臣官房「海軍予備生徒ニ関スル沿革」『海軍制度沿革　巻四』海軍省、一九三九年、五九一頁（国立国会図書館デジタルコレクション参照）。

63 小林瑞穂「海軍水路部による『水路要報』創刊とその役割」『駿台史学　第一三〇号』明治大学史学地理学会二〇〇七年、一〇頁。

64 石丸安蔵、前掲箇所、一八〇頁。

65 石丸安蔵、前掲箇所、一八〇頁。

66 日本海軍の場合、正規の軍人の帽章上部のデザインや階級章が桜の花であるのに対し、予備員のそれは羅針儀（コンパスマーク）であったし、袖章についても正規の軍人のものは水平型であったのに対し予備員のものは山型など、正規の軍人と予備員のそれらは太平洋戦争末期に統一されるまで長らく異なっていた。もともと海軍予備員制度は、官立東京商船学校の生徒を予備生徒とし、卒業後に海軍少尉候補生に任じたもので、その後、官立神戸高等商船学校の生徒を加えた。専ら商船の高級船員をその対象とし、操船において高度な技術・技能を有する彼らを有事の際に士官要員として活用しようとの目論見であった。後には水産講習所遠洋漁業科の生徒もその対象となった。さらに中等学校相当の各地の官公立商船学校の生徒も下士官要員として海軍予備員に組み込まれた。

第二章

67 ジェイムス・E・アワー（妹尾作太男 訳）『よみがえる日本海軍（上）』時事通信社、一九七二年、九九頁。

68 大久保武雄『海鳴りの日々』海洋問題研究会、一九七八年、五二頁。

69 第二回国会 参議院水産委員会会議録第一五号、一九四八年五月二六日。

70 当時の日本は領海幅を三海里としていたが、ソ連は一貫して領海十二海里説をとり、距岸十二海里周辺の海域で多数の日本漁船を拿捕した。

71 第二回国会 参議院水産委員会会議録第四号、一九四八年五月五日。

72 大久保武雄、前掲書、五二頁。

73 「海運総局船員局」は、昭和二〇年五月一九日に設置され、昭和二四年六月一日に「船員局」の設置とともに廃止された。

74 読売新聞戦後史班、前掲書、二〇一頁。

75 ジェイムス・E・アワー、前掲書、九九頁（ジェイムス・E・アワー氏が一九七〇年二月一七日に当時の大久保武雄衆議院議員にインタビューした内容）。

76 大久保武雄、前掲書、五三頁。

77 同右。

78 読売新聞戦後史班、前掲書、二〇一頁。

79 白石は、太平洋戦争開戦時の第二艦隊参謀長として、南方作戦や第三次ソロモン海戦など、第七戦隊司令官としてマリアナ沖海戦、レイテ沖海戦を戦った海軍中将である。白石は、終戦前に運輸省の前身である運輸通信省の船員局長に就任した。

80 読売新聞戦後史班、前掲書、二〇一頁中に「猪口君とは、現在森氏が顧問を務める日本海難防止協会理事長の猪口猛夫氏である」との記述がある。猪口は一九七八年頃に理事長を務めている。

81 大久保武雄、前掲書、五三頁。

82 海上保安庁総務部政務課、前掲書、五頁。

83 大久保武雄、前掲書、五三頁。

84 大蔵省財政史室編『昭和財政史—終戦から講和まで— 第三巻』東洋経済新報社、一九七六年、二四九—二五八頁。

85 佐世保引揚援護局情報係編集『佐世保引揚援護局史 下巻』佐世保引揚援護局、一九五一年。

86 朝鮮総督府『朝鮮総督府統計年報』朝鮮総督府、一九二〇年、四〇頁。

87 ジェイムス・E・アワー、前掲書、一〇一頁（原文は、U.S. Navy Department declassified document dated April. 1952, pp161-162.）。

88 昭和館「戦後復興までの道のり—配給制度と人々の暮らし—」<https://www.showakan.go.jp/events/kikakuten/past/past20110723.html>二〇二二年五月二六日閲覧。

89 ジェイムス・E・アワー、前掲書、一〇一頁。

90 ジェイムス・E・アワー、前掲書、一〇二頁（原文は、U.S. Navy Department declassified document dated April, 1952, pp161-162.）。
91 第二回国会 参議院決算・治安及び地方制度・運輸及び交通連合委員会会議録第一号、一九四八年四月五日。
92 ジェイムス・E・アワー、前掲書、一〇二頁。
93 大久保武雄、前掲書、五八頁。
94 第一回国会 衆議院治安及び地方制度委員会会議録第二三号、一九四七年一〇月九日。
95 大久保武雄、前掲書、六〇頁。
96 大久保武雄、前掲書、末尾経歴欄。
97 大久保武雄、前掲書、五二―五三頁。
98 ジェイムス・E・アワー、前掲書、九九頁。
99 ジェイムス・E・アワー、前掲書、九九―一〇〇頁。
100 大久保武雄はミールス大佐が来日したのは昭和二二年三月（大久保武雄、前掲書、六〇頁）と、またジェイムス・E・アワーはミールス大佐がマッカーサー司令部に出頭を命じられたのは同三月九日（ジェイムス・E・アワー、前掲書、一〇〇頁）と、さらに読売新聞戦後史班は来日したミールス大佐は同三月にG2（参謀二部）公安課から指示を受けたとしている（読売新聞戦後史班、前掲書、二〇二頁）。一方、海上保安庁編纂の『十年史』七頁にミールス大佐は昭和二二年二月に来日したとなっているので、ミールス大佐の来日時期は昭和二二年二月とした。
101 海上保安庁総務部政務課、前掲書、四頁。
102 読売新聞戦後史班、前掲書、二〇二頁。
103 ジェイムス・E・アワー、前掲書、一〇〇頁。
104 ジェイムス・E・アワー、前掲書、一〇〇―一〇一頁（退役後のミールス大佐からジェイムス・E・アワー氏あての書簡（一九七一年一月一五日付）による）。
105 読売新聞戦後史班、前掲書、二〇三頁。
106 海上保安庁総務部政務課、前掲書、七頁。
107 海上保安庁総務部政務課、前掲書、八頁。
108 読売新聞戦後史班、前掲書、二〇四頁。

109 同右(当時の海運総局総務課長の木村俊夫の証言)。
110 大久保武雄、前掲書、五五頁。
111 読売新聞戦後史班、前掲書、二〇四頁。
112 同右。
113 大久保武雄、前掲書、五三頁。
114 同右。
115 大久保武雄、前掲書、五四頁。
116 海上保安庁総務部政務課、前掲書。
117 海上保安庁総務部政務課、前掲書、八頁。
118 読売新聞戦後史班、前掲書、二〇八頁。
119 読売新聞戦後史班、前掲書、二二頁。
120 海上保安庁総務部政務課、前掲書、八-九頁。
121 同右。
122 内務省警保局保安課長ヨリ警察部長宛暗号電報訳文 八月十一日十時十分受領。
123 大日方純夫「天皇制警察と民衆」『歴史評論 第四六三号』日本評論社、一九八八年、二五六-二五九頁。
124 大日方純夫、前掲箇所、二五六-二五九頁。

第三章

125 海上保安庁総務部政務課、前掲書、九頁。
126 竹前栄治『GHQ』岩波新書、一九八三年、八九頁。
127 我部政明、徳原ひとえ「GHQ/SCAP資料(沖縄関係分)について」『琉球大学附属図書館報 第二六巻第二号』一九九三年、二-三頁。
128 ジェイムス・E・アワー、前掲書、一〇七頁。

129 同右。

130 我部政明ほか、前掲箇所、三頁。

131 ジェイムス・E・アワー、前掲書、一〇七頁。

132 同右。

133 読売新聞戦後史班、前掲書、二〇九頁。

134 ジェイムス・E・アワー、前掲書、一〇七頁。

135 同右。

136 大久保武雄、前掲書、六四頁。

137 第二回国会 参議院本会議会議録第三二号、一九四八年四月一四日。

138 ジェイムス・E・アワー、前掲書、一〇六-一〇七頁。

139 大久保武雄、前掲書、六五-六六頁。

140 読売新聞戦後史班、前掲書、二〇九-二二〇頁。

141 読売新聞戦後史班、前掲書、二二〇頁。

142 警察庁『警備警察50年‐現行警察法施行50周年記念特集号』警察庁、二〇〇四年。

143 海上保安庁総務部政務課、前掲書、九頁。

144 海上保安庁総務部政務課、前掲書、九頁、一五-一八頁。

145 海上保安庁総務部政務課、前掲書、九頁、一八-一九頁。

146 読売新聞戦後史班、前掲書、二二一頁。

147 明治憲法下に制定された勅令の「開港港則」(明治三一年勅令第三九号)は、日本国憲法施行後も経過的措置として一定期間暫定的効力を認められた。

148 第二回国会 参議院議院運営委員会会議録第二三号、一九四八年三月三〇日。第二回国会 衆議院議院運営委員会会議録第二三号、一九四八年四月一日。

149 昭和二三(一九四八)年四月六日の衆議院本会議の会議録参照。

150 第二回国会 衆議院治安及び地方制度委員会会議録第二〇号、一九四八年四月二日。
151 第二回国会 参議院決算委員会会議録第五号、一九四八年四月六日。
152 坂東幸太郎は、第一回国会で（衆）治安及び地方制度委員会の委員長を務め、海上保安庁法案が審議された第二回国会では議院運営委員長を務めた。
153 第二回国会 参議院本会議会議録第三二号、一九四八年四月一四日。
154 第二回国会 衆議院治安及び地方制度委員会会議録第二九号、一九四八年五月一八日。
155 大久保武雄、前掲書、六六－六七頁。
156 昭和二二（一九四七）年五月一七日に結成された参議院の院内会派で保守系無所属の議員で構成された。
157 国立国会図書館「Records of U. S. Element of the Allied Council for Japan, 歴史」<https://rnavi.ndl.go.jp/kensei/entry/YF-A9.php>二〇二一年六月三日閲覧。
158 外務省『初期対日占領政策（上）－朝海浩一郎報告書－』毎日新聞社、一九七八年。外務省『初期対日占領政策（下）－朝海浩一郎報告書－』毎日新聞社、一九七九年。
159 外務省『初期対日占領政策（上）－朝海浩一郎報告書－』毎日新聞社、一九七八年、一頁。
160 外務省『初期対日占領政策（上）－朝海浩一郎報告書－』毎日新聞社、一九七八年、二頁。
161 外務省『初期対日占領政策（上）－朝海浩一郎報告書－』毎日新聞社、一九七八年、二六頁。
162 外務省『初期対日占領政策（上）－朝海浩一郎報告書－』毎日新聞社、一九七八年、二二頁。
163 外務省『初期対日占領政策（上）－朝海浩一郎報告書－』毎日新聞社、一九七八年、五頁。
164 外務省『初期対日占領政策（上）－朝海浩一郎報告書－』毎日新聞社、一九七八年、二七頁。
165 外務省『初期対日占領政策（上）－朝海浩一郎報告書－』毎日新聞社、一九七八年、二三頁。
166 外務省『初期対日占領政策（上）－朝海浩一郎報告書－』毎日新聞社、一九七八年、三三頁。
167 同右。
168 外務省『初期対日占領政策（上）－朝海浩一郎報告書－』毎日新聞社、一九七八年、二五－二六頁。
169 外務省『初期対日占領政策（下）－朝海浩一郎報告書－』毎日新聞社、一九七九年、三七頁。

170 外務省『初期対日占領政策(下)―朝海浩一郎報告書―』毎日新聞社、一九七九年、三二八頁。
171 大久保武雄、前掲書、六―七頁。
172 大久保武雄、前掲書、九頁。

第四章

173 外務省『初期対日占領政策(上)―朝海浩一郎報告書―』毎日新聞社、一九七八年、三七頁。
174 大久保武雄、前掲書、八三頁。
175 大久保武雄、前掲書、八三―八四頁。
176 ジェイムス・E・アワー、前掲書、一二四頁(Frank Kowalski: Nihon Saigunbi (The Rearmament of Japan), Tokyo: Simultrans (1969)参照)。
177 大久保武雄、前掲書、一九〇―一九一頁。
178 大久保武雄、前掲書、一九一頁。
179 ジェイムス・E・アワー、前掲書、一二六頁。
180 大久保武雄、前掲書、五五頁・一九一頁。
181 ジェイムス・E・アワー、前掲書、一三〇頁。
182 同右。
183 ジェイムス・E・アワー、前掲書、一二六頁。
184 ジェイムス・E・アワー、前掲書、一二七―一二八頁(レッチェー課長から大久保長官あての書簡)。
185 ジェイムス・E・アワー、前掲書、一二六頁。大野、大久保へのインタビューによる(ジェイムス・E・アワー、前掲書、一三〇頁)。
186 ジェイムス・E・アワー、前掲書、一二八頁。
187 ジェイムス・E・アワー、前掲書、一三三頁。
188 大久保武雄、前掲書、一九二頁。

189 大久保武雄、前掲書、一九三頁。
190 大久保武雄、前掲書、二〇七頁。
191 鈴木英隆「朝鮮海域に出撃した日本特別掃海隊 - その光と影」『戦史研究年報 第八号』防衛省防衛研究所、二〇〇五年、三三頁（James A. Field, Jr., History of United States Naval Operations Korea (Washington, D.C.: U.S. Government Printing Office, 1962), pp.22-30. 参照）。
192 ジェイムス・E・アワー、前掲書、二九頁。
193 鈴木英隆、前掲箇所、三三四頁（Malcom W. Cagle and Frank A. Manson, The Sea War in Korea (Annapolis, MD: United States Naval Institute, 1957), p.125, p.127. 参照）。
194 ジェイムス・E・アワー、前掲書、三〇頁。
195 同右。
196 同右。
197 鈴木英隆、前掲箇所、一四頁（海上幕僚監部防衛部『航路啓開史』海上幕僚監部、一九六一年、四－五頁参照）。
198 大久保武雄、前掲書、一四四頁。
199 大久保武雄、前掲書、一四五頁。
200 ジェイムス・E・アワー、前掲書、三〇頁。
201 大久保武雄、前掲書、二〇八頁。
202 読売新聞戦後史班、前掲書、一七五頁。
203 大久保武雄、前掲書、二〇八頁。
204 読売新聞戦後史班、前掲書、一七九頁。
205 大久保武雄、前掲書、二〇八頁。
206 読売新聞戦後史班、前掲書、一七八頁。
207 同右。
208 大久保武雄、前掲書、二〇九頁。

209 読売新聞戦後史班、前掲書、一八〇頁。
210 読売新聞戦後史班、前掲書、一八二頁。
211 読売新聞戦後史班、前掲書、一八〇―一八二頁。
212 読売新聞戦後史班、前掲書、一八二頁。
213 大久保武雄、前掲書、二二〇頁。
214 読売新聞戦後史班、前掲書、一八四頁。
215 大久保武雄、前掲書、二〇九頁。
216 大久保武雄、前掲書、二二一―二二三頁。
217 大久保武雄、前掲書、二二三頁。
218 読売新聞戦後史班、前掲書、一八二頁。
219 同右。
220 大久保武雄、前掲書、一四五頁。
221 読売新聞戦後史班、前掲書、一八五頁。
222 同右。
223 ジェイムス・E・アワー、前掲書、一三二頁。
224 読売新聞戦後史班、前掲書、一八六頁。
225 大久保武雄、前掲書、二二五頁。
226 大久保武雄、前掲書、二三六―二三七頁。
227 海軍兵学校第六七期生で第二代海上幕僚長の中村悌次海将の言。
228 大久保武雄、前掲書、二二六頁。
229 Mine Sweeping（機雷掃除）を略してMSと呼んだ。
230 海上幕僚監部防衛部『朝鮮動乱特別掃海史』海上幕僚監部、一九六一年、一〇頁。
231 読売新聞戦後史班、前掲書、一九一―一九二頁。

232 大久保武雄、前掲書、二三〇－二三二頁（田村久三特別掃海隊総指揮官記録）。
233 大久保武雄、前掲書、二六〇頁。
234 大久保武雄、前掲書、二二六頁。
235 掃海部隊の活躍もあり、昭和二六（一九五一）年九月、サンフランシスコにおいて講和会議が開催され、八日、対日講和条約が調印された。これにより日本は独立を回復した。
236 第一五回国会 衆議院予算委員会会議録第七号、昭和二七年二月四日。
237 第一五回国会参議院 予算委員会会議録第一九号、昭和二八年三月五日。
238 第一九回国会衆議院 本会議会議録第二〇号、昭和二九年三月二三日。
239 第一九回国会衆議院 外務委員会会議録第二四号、昭和二九年三月二四日。

第五章

240 保科善四郎「わが新海軍再建の経緯（保科メモ）」『戦後日本防衛問題資料集第二巻』三一書房、一九九二年、五三二－五四九頁。
241 読売新聞戦後史班、前掲書、二二八頁。
242 ジェイムス・E・アワー、前掲書、二三六－二三七頁。アワー氏は、第二復員局資料課を中心に研究が行われた旨述べているが、資料整理部が資料課に組織改編で縮小されたのは昭和二三（一九四八）年一月であることから、本文では「資料整理部」とした。
243 保科善四郎「わが新海軍再建の経緯（保科メモ）」『戦後日本防衛問題資料集第二巻』三一書房、一九九二年、五三二頁。
244 読売新聞戦後史班、前掲書、二二六頁。
245 ジェイムス・E・アワー、前掲書、二三七頁。
246 ジェイムス・E・アワー、前掲書、二三九頁。
247 ジェイムス・E・アワー、前掲書、二三九－二四〇頁。
248 読売新聞戦後史班、前掲書、二三二－二三三頁。
249 保科善四郎、前掲箇所、五三二頁。

250 ジェイムス・E・アワー、前掲書、一三九−一四〇頁。
251 野村吉三郎『自衛隊創設の内輪話』四〇八−四〇九頁参照。吉田英三氏とのインタビューによる（ジェイムス・E・アワー、前掲書、一四〇頁）。
252 ジェイムス・E・アワー、前掲書、一四一頁（野村吉三郎『自衛隊創設の内輪話』四〇九−四一〇頁参照。山本、吉田、中山定義元海将、大井元大佐とのインタビューによる）。
253 保科善四郎、前掲箇所、五三三頁。
254 同右。
255 同右。
256 保科善四郎、前掲箇所、五三三頁。
257 保科善四郎、前掲箇所、五三四頁。
258 読売新聞戦後史班、前掲書、二二〇−二二二頁。
259 保科善四郎、前掲箇所、五三五頁。
260 同右。
261 同右。
262 保科善四郎、前掲箇所、五三六頁。
263 同右。
264 保科善四郎、前掲箇所、五三六頁。
265 保科善四郎、前掲箇所、五三七頁。
266 保科善四郎、前掲箇所、五三九頁。
267 同右。
268 同右。
269 ジェイムス・E・アワー、前掲書、一五〇−一五二頁。
270 ジェイムス・E・アワー、前掲書、一五二頁。

271 保科善四郎、前掲箇所、五三七頁。
272 同右。
273 保科善四郎、前掲箇所、五三八頁。
274 同右。
275 保科善四郎、前掲箇所、五四〇頁。
276 大嶽秀夫、前掲書、五五七–五七四頁。
277 菅英輝『米ソ冷戦とアメリカのアジア政策』ミネルヴァ書房、一九九二年、二五五頁。
278 NSC 13/2 "Recommendations with Respect to United States Policy toward Japan" (10/7/1948) 米国家安全保障会議文書第13号の2「アメリカの対日政策に関する勧告」では、「沿岸警備隊を含む日本の警察機構は現有の警察力の増員と再装備、そして現在の中央集権的な警察組織を拡充することで強化されるべきである」とされた。
279 菅英輝、前掲書、二五五–二五六頁。
280 菅英輝、前掲書、二五六頁。
281 「大統領、必要ならば韓国で原子爆弾を使用すると警告」『ニューヨーク・タイムズ』一九五〇年一二月一日。この後、昭和二六（一九五一）年一月には北朝鮮軍はソウルに入城したが、国連軍は態勢を立て直して反撃を開始し、同三月にはソウルを再奪回したものの、戦況は三八度線付近で膠着状態となった。
282 菅英輝、前掲書、二七五頁。
283 同右。
284 ダレスも対日講和条約が締結されればFEC決定の制約はなくなるので、限定的再軍備は可能と指摘していた（菅英輝、前掲書、二五六頁）。
285 保科善四郎、前掲箇所、五四〇頁。
286 ジェイムス・E・アワー、前掲書、一五七–一五八頁。
287 ジェイムス・E・アワー、前掲書、一五八頁。
288 ジェイムス・E・アワー、前掲書、一五九頁。

289 同右。
290 ジェイムス・E・アワー、前掲書、一五九―一六〇頁。このとき山本が言及したコースト・ガード(沿岸警備隊)とは、準軍隊的機能を有するアメリカのコースト・ガードに類するもので、非軍隊の海上保安庁とは全く異なる実力機関を念頭に置いたものであったと考えられる。
291 柳沢米吉『回想録』柳沢米吉氏回想録刊行会、一九八六年、七九頁。
292 読売新聞戦後史班、前掲書、一二四一頁。
293 同右。
294 保科善四郎、前掲箇所、五四〇頁。
295 ジェイムス・E・アワー、前掲書、一六一頁では「Y委員会という呼称は、終戦まで旧軍部が使っていた略語からとったもので、陸軍をA、海軍をB、民間をCと呼んでいたが、アルファベットを逆にすれば海軍はZのつぎのYとなることから名付けた」「政府関係者の間で委員会に反対する者が現れたとき、Yは山本と柳沢のYを取っているといえば簡単に説明がつくからであった」と、山本善雄元海軍少将と吉田英三元海軍大佐の話が書かれてある。
296 柳沢米吉、前掲書、八二頁。
297 読売新聞戦後史班、前掲書、一二三六―一二三七頁。
298 読売新聞戦後史班、前掲書、一二三八頁(ジェイムス・E・アワー、前掲書、一五二頁)。
299 山本善雄「海軍創設について」『戦後日本防衛問題資料集 第二巻・講和と再軍備の本格化』三一書房、一九九二年、五四九―五五七頁。
300 読売新聞戦後史班、前掲書、一二三八―一二三九頁。
301 読売新聞戦後史班、前掲書、一二四三頁。
302 柳沢米吉、前掲書、八〇頁。
303 読売新聞戦後史班、前掲書、一二四六頁。
304 柳沢米吉、前掲書、八二―八三頁。
305 柳沢米吉、前掲書、八〇―八一頁。
306 柳沢米吉、前掲書、八三頁。
307 柴山太『日本再軍備への道』ミネルヴァ書房、二〇一〇年、五五〇頁。

308 大嶽秀夫、前掲書、五七四—五七六頁。
309 つばのある帽子のこと。
310 柳沢米吉、前掲書、八三頁。
311 大嶽秀夫、前掲書、五七六—五七八頁。
312 大嶽秀夫、前掲書、五八〇—五八一頁。
313 大嶽秀夫、前掲書、六一六—六一七頁。
314 読売新聞戦後史班、前掲書、二四六—二四七頁。
315 大嶽秀夫、前掲書、五八一—五八二頁。
316 読売新聞戦後史班、前掲書、二四八頁。
317 柴山太、前掲書、五三九頁(大嶽秀夫、前掲書、五九四頁)。
318 同右。
319 柴山太、前掲書、五四〇頁。
320 大嶽秀夫、前掲書、六〇四頁。
321 Y委員会は昭和二七(一九五二)年八月一日に解散した。
322 柳沢米吉、前掲書、八三頁。
323 菅英輝、前掲書、二八三頁。
324 菅英輝、前掲書、二八四頁。
325 柴山太、前掲書、五四一頁(『山本善雄日記』には一九七二年五月に書かれた感想があり、「Coast Guard Lineで装備するという米側の方針がわれわれは知らないし而もそれには絶対反対なんだから、どうしても意見のくい違いがあったのだ」とある。)。
326 柴山太、前掲書、五四一頁。
327 柴山太、前掲書、五四〇頁。
328 国立公文書館「海上保安庁法の一部を改正する法律案(運輸省)」『閣議資料綴・昭和二七年三月四日』。
329 第一三回国会 参議院運輸委員会会議録第六号、昭和二七年一月二六日。

330 柴山太、前掲書、五五一頁。一応の人事が終わったのち、昭和二七（一九五二）年五月一九日に山本は旧海軍の大将クラスで構成されていた「大将会」で海上警備隊創設に関する経緯の報告を行い、併せて山梨勝之進と野村により他の海軍大将二名に対して山本へのさらなる協力の要請が行われ、大将達から了承を得ていた。この会合には海上保安庁次長から初代海上警備隊総監となった山崎小五郎も出席して自身への「大将会」の支援を要請し、これに対して「大将会」は「一同心から」支援することを了承し、表面上、海上保安庁派と旧海軍勢力との一応の「手打ち」が行われた（柴山太、前掲書、五五一頁）。

331 柴山太、前掲書、五五一頁。

332 柳沢米吉、前掲書、八三－八四頁。

333 昭和二九（一九五四）年の防衛庁創設時には、自衛隊法第八〇条に防衛出動又は治安出動時における防衛庁長官の海上保安庁への指揮権が規定された。これは昭和二六（一九五一）年に旧海軍軍人側がまとめた「我国海上防衛力強化に関する研究」において、非常事態時には海上保安庁を海軍の管制下に置く必要があるとした旧海軍軍人の考え方に通じる。

第六章

334 昭和二七（一九五二）年六月二日の参議院内閣・地方行政連合委員会での大橋武夫大臣の提案趣旨説明を参照。

335 保安局は、昭和二四（一九四九）年六月の省令制定の際に、警備救難部（哨戒課、警務課、保船課、掃海課、管船課）と保安部（調査課、船舶検査課、船舶職員課、理事官室）に分かれ、警備救難部は昭和二五（一九五〇）年六月の省令改正で警備課、監理課、通信課に改編された。

336 海上保安庁法の一部を改正する法律（昭和二五年法律第一九八号）を参照のこと。

337 最高裁判所判事も務めた田中二郎は、「警察は、直接に公共の安全と秩序を維持し、その障害を除去することを目的とする」（田中二郎『新版 行政法下巻 全訂第二版』弘文堂、一九八三年、三二頁）、「公共の安全と秩序維持というのは、一般の社会見解において人間の社会集団としての社会生活の秩序が保たれ、社会が平穏かつ健全であると考えられるような状態をいい、警察は、かような状態に対する人為的、社会的、自然的な障害を未然に防止し、既然に鎮圧し、もって上述の状態を維持することを目的とする」（田中二郎、前掲書、三三頁）と説明した。

338 昭和二七（一九五二）年六月二日の参議院内閣・地方行政連合委員会における三田一也警備救難監の答弁を参照のこと。
339 第一回国会 参議院治安及び地方制度・司法連合委員会会議録第四号、昭和二二年二月一九日参照。
340 昭和二七（一九五二）年六月二日の参議院内閣・地方行政連合委員会における岡本愛祐議員の質疑を参照のこと。
341 マッカーサー・ラインは対日講和条約の発効直前の昭和二七（一九五二）年四月二五日に廃止された。
342 海上公安局法に海上保安庁法第二五条のような規定がないことを指摘したものは少ないが、能勢伸之は、「「海軍再建」を意識した警備隊と、法律で軍隊ではないことが強調された海上保安庁とは、基盤の考えが水と油ほど違います。そのためか、新たな海上公安局法には、軍隊と見なしてはならないというような規定は記されていませんでした」と述べている（『防衛省』新潮社、二〇一二年、七二頁）。
343 「我国海上防衛力強化に関する研究」（大嶽秀夫、前掲書、五五七－五七四頁）。
344 『日本水路誌』（一八九四年刊）等には一八八七年および一八八八年の加藤大尉の実験筆記（実地調査に基づく記録）に基づくものとして魚釣島等の概況が記載されている。
345 大嶽秀夫、前掲書、五七〇－五七一頁。
346 小林瑞穂、前掲箇所、二頁。
347 小林瑞穂、前掲箇所、一頁。
348 ジェイムス・E・アワー、前掲書、九八頁。
349 昭和二七年五月一七日の衆議院内閣委員会における改進党の船田享二の質問に対する佐々木運輸政務次官の答弁では、水路部と灯台部を運輸省に残すことで折り合ったように受け取れる。
350 関谷勝利は一九四六年に初当選し、一期三〇年間衆議院議員を務めた（『新訂 政治家人名事典 明治～昭和』日外アソシエーツ、二〇〇三年、三三四頁参照）。
351 第一三回国会 衆議院運輸委員会会議録第九号、一九五二年二月二一日。
352 第一三回国会 衆議院運輸委員会会議録第一〇号、一九五二年二月二五日。
353 第一三回国会 衆議院運輸委員会会議録第一〇号、一九五二年二月二六日。同委員会では、機構改革案に運輸省と郵政省と電通省とを合併し交通省にするという意見もあったことも質疑され、村上義一運輸大臣は反対の姿勢を示した。
354 昭和二七（一九五二）年六月二日の参議院内閣・地方行政連合委員会での大橋武夫大臣の答弁を参照のこと。

355 昭和二七（一九五二）年三月六日の参議院予算委員会の質疑を参照のこと。

356 昭和二七（一九五二）年二月二五日の衆議院運輸委員会での大橋武夫大臣の答弁を参照のこと。

357 読売新聞戦後史班、前掲書、二八六頁。

358 同右。

359 大嶽秀夫『再軍備とナショナリズム』中央公論社、一九八八年、二二頁。

360 昭和二七（一九五二）年三月一四日の参議院予算委員会昭和二七年度予算と憲法に関する小委員会での大橋武夫大臣の答弁を参照。

361 昭和二七（一九五二）年三月二二日の参議院予算委員会での村上義一運輸大臣の答弁を参照のこと。

362 昭和二七（一九五二）年四月五日の参議院内閣・地方行政連合委員会での村上義一運輸大臣の答弁を参照のこと。

363 昭和二七（一九五二）年六月一七日の参議院運輸委員会の質疑を参照のこと。

364 昭和二七（一九五二）年六月三日と同二二日の参議院内閣委員会の質疑などを参照のこと。

365 昭和二七（一九五二）年二月一七日の参議院地方行政委員会の質疑などを参照のこと。

366 第三回国会での参議院の会派別の議員数は、自由党八〇、緑風会五四、日本社会党六一、国民民主党二八、第一クラブ一四、労働者農民党五、日本共産党三、無所属一二であった（参議院ホームページ「会派別所属議員数の変遷」<https://www.sangiin.go.jp/japanese/san60/s60_shiryou/giinsuu_kaiha.htm>二〇二二年七月二六日参照）。自由党の増田甲子は「鬼門の参議院」と評し「私の日課は、この参議院へ出かけ、緑風会のお歴々にお百度詣りをすることだった。（中略）政府案の参議院通過をはかるには、どうしても緑風会の力を借りなければならなかったからである」と回想した（増田甲子七『増田甲子七回想録：吉田時代と私』毎日新聞社、一九八四年、一三〇－一三二頁）。参議院で法案が否決された場合、与党の自由党は衆議院で三分の二の勢力を確保できておらず、法案を単独で可決成立させることができなかった。

367 自由党の増田甲子七は「必ず一人か二人、閣僚を出してもらっていたが、そんなことだけで緑風会全体が与党化するものではない」と振り返った（増田甲子七、前掲書、一三〇－一三二頁）。

368 野島貞一郎『緑風会十八年史』緑風会史編纂委員会、一九七一年、九四頁。

369 後に参議院議長を務める河井は、吉田総理と緑風会との交渉の窓口も担うなど緑風会の実力者であった。

370 「海上公安局の施行延期」『読売新聞』昭和二七（一九五二）年七月二五日。

371 ノモンハン事件、ガダルカナル島の戦い等を参謀として指導した。衆院議員四期、参院議員一期を務めた。
372 柳沢米吉『回想録』文生書院、一九八六年、八五‐八六頁。
373 第一三回国会衆議院 外務委員会議録第二号、昭和二七年一月三〇日。
374 海上保安庁総務部政務課『三十年史』海上保安協会、一九七九年、二九頁。
375 「巡視船、竹島で発砲うく」『西日本新聞』昭和二八年七月一四日。海洋政策研究所島嶼資料センター情報ライブラリ「巡視船「へくら」が竹島で銃撃を受ける（第四次特別取締）」。
376 海上保安庁総務部政務課『三十年史』海上保安協会、一九七九年、三〇‐三一頁。
377 高藤奈央子「竹島問題の発端～韓国による竹島占拠の開始時における国会論議を中心に振り返る～」『立法と調査 2011.11 No.322』（参議院事務局企画調整室編集・発行）、六九頁。
378 海洋政策研究所島嶼資料センター情報ライブラリ「巡視船「おき」が銃撃を受ける（第一八次特別取締）」。
379 第二〇回国会衆議院 内閣委員会会議録第二号、昭和二九年一二月三日。
380 海上保安庁総務部政務課『三十年史』海上保安協会、一九七九年、三〇頁。
381 藤井賢二『竹島問題の起源―戦後日韓海洋紛争史―』ミネルヴァ書房、二〇一八年、一〇頁（海上保安庁警備救難部公安課「保公警（機密）第六七号 竹島周辺海域の密航密漁取締強化について」『だ捕事件とその対策』一九五四年九月、一二一‐一二二頁）。昭和二八年四月一五日から同七月二三日まで第二次日韓会談が行われていた。
382 海上保安庁総務部政務課『三十年史』海上保安協会、一九七九年、二九頁。
383 海上保安庁総務部政務課『三十年史』海上保安協会、一九七九年、五〇頁。
384 第一五回国会参議院 水産委員会会議録第三号、昭和二七年一一月一八日。
385 第一五回国会衆議院 外務委員会会議録第三号、昭和二七年一一月一九日。
386 第一五回国会衆議院 外務委員会会議録第三号、昭和二七年一一月一九日。
387 第一六回国会衆議院 内閣委員会議録第四号、昭和二八年六月二六日。
388 第一六回国会衆議院 水産委員会会議録第一九号、昭和二八年七月一八日。
389 第一六回国会衆議院 水産委員会議録第二三号、昭和二八年八月四日。

390 第一七回国会衆議院 外務委員会会議録第五号、昭和二八年二月四日。
391 尹錫貞「李承晩政権の対日外交－日本問題」の視点から－」慶應義塾大学、二〇一六年、五八頁。
392 Conversation between the President and Mr. Robertson, July 3, 1953, The Syngman Rhee Presidential Papers（以下 Rhee Papers）, Armistice Negotiation/Mutual Defense Pact, PDF 雩南 B-380-028.
393 尹錫貞「李承晩政権の対日外交－日本問題」の視点から－」慶應義塾大学、二〇一六年、五八頁。
394 第一五回国会参議院 予算委員会会議録第三〇号、昭和二八年三月六日。
395 第一六回国会衆議院 外務委員会会議録第三〇号、昭和二八年九月一七日。

第七章

396 NHK放送史「MSA協定と日本の防衛力強化の議論」<https://www2.nhk.or.jp/archives/tv60bin/detail/index.cgi?das_id=D0009030405_00000>二〇二二年九月四日閲覧。
397 防衛省『防衛白書（二〇〇七年）』参照。こうした発足の経緯から、当時の防衛庁は組織も小さく、装備品のほとんどは米国からの供与又は貸与という状況であった。主な任務は、ゼロから防衛力を構築することであり、防衛力整備や人事管理を行うことであった。冷戦期の自衛隊は、万一の侵略に備えた「抑止」との意味で、その存在自体に意義があった。冷戦終結に至るまで、防衛庁は、自衛隊を実際に動かすよりも、抑止力として「存在する自衛隊」を管理することに業務の主眼が置かれてきた。
398 防衛省『防衛白書（二〇〇四年）』参照。その後も政府は、「（憲法第九条）第二項は「戦力」の保持を禁止しているが、このことは、自衛のための必要最小限度の実力を保持することまで禁止する趣旨のものではなく、これを超える実力を保持することを禁止するものであると解している。（中略）自衛隊は、我が国を防衛するための必要最小限度の実力組織であるから憲法に違反するものではない」（昭和五五（一九八〇）年一二月五日、森清衆議院議員に対する答弁書）旨繰り返し答弁してきている。
399 自衛隊法第七十六条第一項により、内閣総理大臣は、自衛隊に対して、外部からの武力攻撃（そのおそれのある場合を含む。）に際して、日本を防衛するために必要がある場合は、国会の承認を得て（緊急を要する場合は国会の承認を得ないで）、自衛隊の全部又は一部の出動を命ずることができることとされた。

400 自衛隊法第七十八条第一項により、内閣総理大臣は、間接侵略その他の緊急事態に際して、一般の警察力をもっては、治安を維持することができないと認められる場合には、自衛隊の全部又は一部の出動を命ずることができることとされた。治安出動は、公共の秩序を維持するための自衛隊の行動と説明された。

401 自衛隊法施行令（昭和二九年政令第一七九号）第百三条（海上保安庁に対する指揮）を参照のこと。

402 昭和二九（一九五四）年三月一六日の衆議院内閣委員会の質疑を参照のこと。

403 第一九回国会 衆議院内閣委員会外務委員会連合審査会会議録第一号、一九五四年四月一六日参照。

404 第一九回国会 参議院内閣委員会、一九五四年五月三日の加藤陽三保安庁人事局長の答弁を参照のこと。

405 飯田忠雄『海上警察権論』成山堂書店、一九六一年、一頁。

406 飯田忠雄、前掲書、二頁。

407 同右。

408 飯田忠雄、前掲書、三頁。

409 飯田忠雄、前掲書、一〇頁。

410 同右。

411 飯田忠雄、前掲書、二頁。

412 同右。

413 同右。

414 飯田忠雄、前掲書、一三頁。

415 飯田は平成元（一九八九）年に政界を引退し、平成二四（二〇一二）年死去した。

416 大嶽秀夫『戦後日本防衛問題資料集 第二巻・講和と再軍備の本格化』三一書房、一九九二年、六一六頁。

417 飯田忠雄『日本国改造法案―日本国憲法の問題点と改正の要点―』二〇〇二年、信山社。

418 薬師寺克行『公明党 創価学会と50年の軌跡』中公新書、二〇一六年、九三―一〇二頁。

419 飯田忠雄『日本国改造法案―日本国憲法の問題点と改正の要点―』二〇〇二年、信山社の末尾参照。

420 飯田忠雄『海上警察権論』成山堂書店、一九六一年、三二頁。

421

本書の主タイトルは、『未完の日本海軍』とした。国際法上、軍隊とは、一般的に、武力紛争に際して武力を行使することを任務とする国家の組織を指すものと考えられている。自衛隊は、憲法上自衛のための必要最小限度を超える実力を保持し得ない等の制約を課せられており、通常の観念で考えられる軍隊とは異なるものであると考えているが、日本を防衛することを主たる任務とし憲法第九条の下で許容される「武力の行使」の要件に該当する場合の自衛の措置としての「武力の行使」を行う組織であることから、国際法上、一般的には、軍隊として取り扱われるものと考えられる（内閣衆質一八九第一六八号、平成二七年四月三日「衆議院議員今井雅人君提出安倍総理が自衛隊を「わが軍」と呼称したことに関する質問に対する答弁書」参照）。本書では、このような意味において、旧海軍軍人にとって未完の日本海軍（ジャパン・ネイビー）という言葉を用いた。

【著者】

亀田　晃尚（かめだ　あきひさ）

博士（公共政策学）

1971年　福岡県生まれ。1993年、海上保安大学校卒業。尖閣諸島の領海警備などの様々な海上保安業務に従事。勤務の傍ら、法政大学経済学部経済学科（通信教育課程）卒業、放送大学大学院社会経営科学プログラム修了、法政大学大学院公共政策研究科修了。2020年、法政大学で博士号（公共政策学）を取得。日本政治法律学会、日本国際政治学会、日本政治学会、日本法政学会会員。著書に『尖閣諸島の石油資源と日中関係』（三和書籍　2021年）、『尖閣問題の変化と中国の海洋進出』（三和書籍　2021年）。

未完の日本海軍（ジャパン・ネイビー）
戦後の吉田路線と海上保安庁

2022年7月4日　第1版第1刷発行

著　者　亀田晃尚

発行者　高橋考

発行所　三和書籍

〒112-0013　東京都文京区音羽2-2-2
TEL 03-5395-4630　FAX 03-5395-4632
info@sanwa-co.com
http://www.sanwa-co.com/
印刷／製本　中央精版印刷株式会社

ISBN978-4-86251-448-6　C0031